Python数据分析入门
从数据获取到可视化

沈祥壮 著

電子工業出版社
Publishing House of Electronics Industry
北京•BEIJING

内 容 简 介

本书作为数据分析的入门图书，以 Python 语言为基础，介绍了数据分析的整个流程。本书内容涵盖数据的获取（即网络爬虫程序的设计）、前期数据的清洗和处理、运用机器学习算法进行建模分析，以及使用可视化的方法展示数据及结果。首先，书中不会涉及过于高级的语法，不过还是希望读者有一定的语法基础，这样可以更好地理解本书的内容。其次，本书重点在于应用 Python 来完成一些数据分析和数据处理的工作，即如何使用 Python 来完成工作而非专注于 Python 语言语法等原理的讲解。本书的目的是让初学者不论对数据分析流程本身还是 Python 语言，都能有一个十分直观的感受，为以后的深入学习打下基础。最后，读者不必须按顺序通读本书，因为各个章节层次比较分明，可以根据兴趣或者需要来自行安排。例如第 5 章介绍了一些实战的小项目，有趣且难度不大，大家可以在学习前面内容之余来阅读这部分内容。

图书在版编目（CIP）数据

Python 数据分析入门：从数据获取到可视化 / 沈祥壮著. —北京：电子工业出版社，2018.3
ISBN 978-7-121-33653-9

Ⅰ. ①P… Ⅱ. ①沈… Ⅲ. ①软件工具－程序设计 Ⅳ. ①TP311.561

中国版本图书馆 CIP 数据核字(2018)第 024600 号

策划编辑：石　倩
责任编辑：牛　勇
印　　刷：三河市华成印务有限公司
装　　订：三河市华成印务有限公司
出版发行：电子工业出版社
　　　　　北京市海淀区万寿路 173 信箱　　邮编 100036
开　　本：720×1000　1/16　印张：16.5　字数：290 千字
版　　次：2018 年 3 月第 1 版
印　　次：2019 年 7 月第 6 次印刷
印　　数：8301～9800 册　定价：59.00 元

凡所购买电子工业出版社图书有缺损问题，请向购买书店调换。若书店售缺，请与本社发行部联系，联系及邮购电话：（010）88254888，88258888。

质量投诉请发邮件至 zlts@phei.com.cn，盗版侵权举报请发邮件至 dbqq@phei.com.cn。

本书咨询联系方式：010-51260888-819，faq@phei.com.cn。

前言

Python 作为一门优秀的编程语言，近年来受到很多编程爱好者的青睐。一是因为 Python 本身具有简捷优美、易学易用的特点；二是由于互联网的飞速发展，我们正迎来大数据的时代，而 Python 无论是在数据的采集与处理方面，还是在数据分析与可视化方面都有独特的优势。我们可以利用 Python 便捷地开展与数据相关的项目，以很低的学习成本快速完成项目的研究。本书本着实用性的目的，着眼于整个数据分析的流程，介绍了从数据采集到可视化的大致流程。希望借此为 Python 初学者打开数据分析领域的大门，初窥数据分析的奥秘。

本书的主要内容

第 1 章主要讲解了在 Ubuntu 和 Windows 系统下，Python 集成开发环境的搭建。考虑到初学者容易为安装第三方库犯难，又介绍了三种简单实用的方法来安装这些常见的库。接着对几个后面要用到的高级语法进行了简单介绍，为之后的应用打下基础。

第 2 章集中讲解了数据采集的流程，即网络爬虫程序的设计与实现。首先本章没有拘泥于使用 Python 的内置库 urllib 库进行实现，而是直接介绍了 requests 和其他更加简捷强大的库来完成程序的设计。在进阶内容中，对常见的编码问题、异常处理、代理 IP、验证码、机器人协议、模拟登录，以及多线程等相关问题给出了解决的方案。

第 3 章讲解数据的清洗问题。在具体讲解清洗数据之前，先介绍了 TXT、XLSX、JSON、CSV 等各种文件的导入和导出的方法，并介绍了 Python 与 MySQL 数据库交互的方式。接着介绍了 NumPy 和 pandas 库的基本使用方法，这是我们用于数据处理和科学计算的两个强大的工具。最后综合以上的学习介绍了数据的去重、缺失值的填补等经典的数据清洗方法。

第 4 章首先讲解探索性数据分析的应用，并且简单介绍了机器学习基本知识。然后演示如何应用 sklearn 库提供的决策树和最邻近算法来处理分类问题，并尝试根据算法原理手动实现最邻近算法。最后介绍如何使用 pandas、matplotlib 和 seaborn 这三个库来实现数据的可视化。

第 5 章是综合性学习的章节，讲解了三个小项目的完整实现过程，旨在通过操作生活中真正的数据来强化前面基础内容的学习。

本书的读者对象

本书面向想从事数据工作的 Python 初学者。由于本书并不对 Python 的基础语法做详细的讲解，所以希望读者有一定的语法基础。

测试环境及代码

我们使用的语法是基于 Python 3 的，具体是 Python 3.6，用到的第三方库也已经全面支持此版本，所以读者不必担心相关的版本问题；测试环境为 Ubuntu 16.04 LTS 64-Bit。本书中使用的全部代码及相关数据已经托管至 Github，读者可以进入 https://github.com/shenxiangzhuang/PythonDataAnalysis 进行下载。

联系作者

虽然本书只是入门级图书，但是限于笔者水平有限，难免会存在一些错误，有些地方的表述可能也不是那么准确。非常欢迎读者指出本书的不当之处或提出建设性的意见。笔者的电子邮件地址是 datahonor@gmail.com。

致谢

在本书的撰写过程中受到过很多人的帮助，这里特别感谢刘松学长，感谢学长对笔者本人长久以来的帮助，从他那里我学到了很多关于 Python 语言、机器学习以及计算机视觉等相关知识。另外，特别感谢 IT 工作者谢满锐先生对本书的细心审校，也感谢他为本书的进一步修改提出建设性意见。同时，感谢电子工业出版社石倩、杨嘉媛编辑的帮助。最后，本书参阅了大量的国内外的文献，这里对有关作者表示衷心的感谢。

读者服务

轻松注册成为博文视点社区用户（www.broadview.com.cn），扫码直达本书页面。

- **提交勘误**：您对书中内容的修改意见可在<u>提交勘误</u>处提交，若被采纳，将获赠博文视点社区积分（在您购买电子书时，积分可用来抵扣相应金额）。
- **交流互动**：在页面下方<u>读者评论</u>处留下您的疑问或观点，与我们和其他读者一同学习交流。

页面入口：*http://www.broadview.com.cn/33653*

目录

1 准备

学习目标

- 完成 Linux 或 Windows 系统下 Python 集成开发环境的搭建
- 了解 Python 基础知识

本章作为学习 Python 前的准备环节，主要分为开发环境搭建和 Python 基础语法介绍两部分。这里将介绍在 Linux（实际测试环境为 Ubuntu 16.04 LTS 64Bit）和 Windows 系统下（实际测试环境为 Windows 10）搭建 Python 集成开发环境的详细步骤，以及 Anaconda（附带 Spyder 编辑器）和 PyCharm 的安装与配置。鉴于本书面向 Python 初学者，所以操作步骤比较详细，已经完成安装的读者可以略过此环境配置部分。但是建议大家阅读使用 conda 和 pip 安装第三方库的部分，本书中讲到的所有库均通过这两种包管理器安装。此外本章将介绍一些 Python 的基本语法。当然，这里只是粗略地介绍一些初学者难以理解的内容，例如装饰器和列表解析等。

1.1 开发环境搭建

本书所有的代码都是在 Ubuntu 16.04 LTS 64 Bit 英文版系统下完成的，因此首先将介绍在 Ubuntu 下环境的搭建。当然，考虑到有很多读者使用的是 Windows 系统，所以也会对 Windows 下环境的搭建进行相应的介绍，这里我们选用的是 Windows 10。对于编程学习者来说，Linux 是一个很好的系统，它有多种开源的工具可以给我们的开发带来便利，同时其活跃的社区环境和网络上大量的资料使得日常遇到的大部分问题可以迅速得到解决。所以建议读者在 Linux 系统环境下进行开发，开始的时候可以尝试在虚拟机中使用，之后考虑在本机上直接安装。当然，在 Windows 系统下开发并不影响学习本书的内容。

1.1.1 在 Ubuntu 系统下搭建 Python 集成开发环境

1. Anaconda（Spyder）安装与配置

Ubuntu 是自带 Python 环境的（Python 2），按下快捷键[Ctrl + Alt + T]（或者在桌面空白处单击右键，在弹出的快捷菜单中选择“open terminal”命令）打开终端，输入 `python` 即可，如图 1-1 所示。

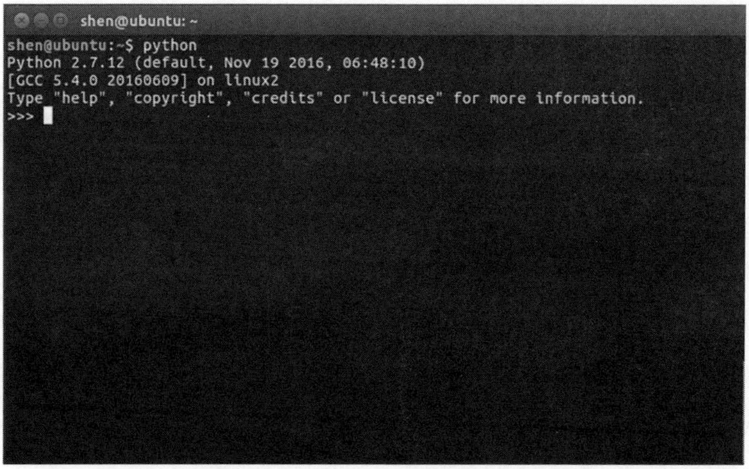

```
shen@ubuntu: ~
shen@ubuntu:~$ python
Python 2.7.12 (default, Nov 19 2016, 06:48:10)
[GCC 5.4.0 20160609] on linux2
Type "help", "copyright", "credits" or "license" for more information.
>>> 
```

图 1-1

由于我们学习的是 Python 3，所以将使用 Anaconda 完成 Python 3 的环境配置。

“Anaconda 是用于大规模数据处理、预测分析和科学计算的 Python 和 R 编程语言的免费平台，旨在简化包管理和部署”[①]。第三方库的安装对于初学者来说可能是一件比较头疼的事，但是它集成了很多用于数据处理和科学计算的第三方库，使得我们不用额外再去安装。同时，Anaconda 提供了强大的安装包管理功能，这点会在后面详细介绍。Anaconda 还自带一款十分优秀的编辑器——Spyder，它的界面和使用方法与 MATLAB 和 RStudio 十分相像，其特点在于中间变量的储存。下面介绍具体的安装步骤。

注意：下面的命令均是在终端执行的，并且要根据需要切换到特定目录后再执行对应的命令。此外随着版本的更新，下载文件的文件名可能会改变，请读者仔细查看并在必要时对命令做出修改。

首先，进入 Anaconda 官网（https://www.anaconda.com/download）下载对应版本的安装文件，这里选择 Python 3.6 version 64-BIT（X86）INSTALLER（499M），默认下载到 Downloads 文件夹。之后，通过快捷键[Ctrl + Alt + T]（或者在桌面空白处单击鼠标右键，在弹出的快捷菜单中选择“open terminal”命令）打开终端，输入命令 `cd Downloads/` 后切换到包含下载文件的目录下，运行命令 `bash Anaconda3-4.4.0-Linux-x86_64.sh`，开始安装（Anaconda3-4.4.0-Linux-x86_64.sh 是下载的文件名），如图 1-2 所示。

```
shen@ubuntu: ~/Downloads
shen@ubuntu:~/Downloads$ bash Anaconda3-4.4.0-Linux-x86_64.sh

Welcome to Anaconda3 4.4.0 (by Continuum Analytics, Inc.)

In order to continue the installation process, please review the license
agreement.
Please, press ENTER to continue
>>>
```

图 1-2

① 参考维基百科：https://en.wikipedia.org/wiki/Anaconda。

然后按回车键确认，继续运行安装程序。接着会出现与协议相关的确认信息，如图 1-3 所示。

```
openssl
The OpenSSL Project is a collaborative effort to develop a robust,
commercial-grade, full-featured, and Open Source toolkit implementing the
Transport Layer Security (TLS) and Secure Sockets Layer (SSL) protocols as
well as a full-strength general purpose cryptography library.

pycrypto
A collection of both secure hash functions (such as SHA256 and RIPEMD160),
and various encryption algorithms (AES, DES, RSA, ElGamal, etc.).

pyopenssl
A thin Python wrapper around (a subset of) the OpenSSL library.

kerberos (krb5, non-Windows platforms)
A network authentication protocol designed to provide strong authentication
for client/server applications by using secret-key cryptography.

cryptography
A Python library which exposes cryptographic recipes and primitives.

Do you approve the license terms? [yes|no]
>>> Please answer 'yes' or 'no':
```

图 1-3

输入 yes 并按回车键继续安装，接下来选择安装路径，这里直接按回车键选择默认的路径，如图 1-4 所示。

```
Please answer 'yes' or 'no':
>>> yes

Anaconda3 will now be installed into this location:
/home/shen/anaconda3

  - Press ENTER to confirm the location
  - Press CTRL-C to abort the installation
  - Or specify a different location below

[/home/shen/anaconda3] >>>
PREFIX=/home/shen/anaconda3
installing: python-3.6.1-2 ...
installing: _license-1.1-py36_1 ...
installing: alabaster-0.7.10-py36_0 ...
installing: anaconda-client-1.6.3-py36_0 ...
installing: anaconda-navigator-1.6.2-py36_0 ...
```

图 1-4

接着会进行一系列的配置，稍后询问是否将 Anaconda 加入环境变量，这里选择加入，如图 1-5 所示。

```
Python 3.6.1 :: Continuum Analytics, Inc.
creating default environment...
installation finished.
Do you wish the installer to prepend the Anaconda3 install location
to PATH in your /home/shen/.bashrc ? [yes|no]
[no] >>> yes

Prepending PATH=/home/shen/anaconda3/bin to PATH in /home/shen/.bashrc
A backup will be made to: /home/shen/.bashrc-anaconda3.bak

For this change to become active, you have to open a new terminal.

Thank you for installing Anaconda3!

Share your notebooks and packages on Anaconda Cloud!
Sign up for free: https://anaconda.org
```

图 1-5

按照提示，打开一个新的终端测试是否成功安装，如图 1-6 所示。

```
shen@ubuntu: ~
shen@ubuntu:~$ conda list
# packages in environment at /home/shen/anaconda3:
#
_license                  1.1                      py36_1
alabaster                 0.7.10                   py36_0
anaconda                  4.4.0               np112py36_0
anaconda-client           1.6.3                    py36_0
anaconda-navigator        1.6.2                    py36_0
anaconda-project          0.6.0                    py36_0
asn1crypto                0.22.0                   py36_0
```

图 1-6

从图 1-6 中可以看出，`conda list` 命令给出了已经安装的第三方库的列表，表示安装成功。

由于已经将其加入环境变量，所以此时默认的 Python 版本即为 Python 3.6，由 Anaconda 提供，而原来的 Python 2 也可以正常使用，调用方法如图 1-7 所示。

```
shen@ubuntu:~$ python
Python 3.6.1 |Anaconda 4.4.0 (64-bit)| (default, May 11 2017, 13:09:58)
[GCC 4.4.7 20120313 (Red Hat 4.4.7-1)] on linux
Type "help", "copyright", "credits" or "license" for more information.
>>>
[6]+  Stopped                 python
shen@ubuntu:~$ python3
Python 3.6.1 |Anaconda 4.4.0 (64-bit)| (default, May 11 2017, 13:09:58)
[GCC 4.4.7 20120313 (Red Hat 4.4.7-1)] on linux
Type "help", "copyright", "credits" or "license" for more information.
>>>
[7]+  Stopped                 python3
shen@ubuntu:~$ python2
Python 2.7.12 (default, Nov 19 2016, 06:48:10)
[GCC 5.4.0 20160609] on linux2
Type "help", "copyright", "credits" or "license" for more information.
>>>
```

图 1-7

我们也可以在终端通过 `ipython` 命令来使用 IPython 这一优秀的交互式环境，如图 1-8 所示。本书大部分的代码便是在此进行测试。

```
shen@ubuntu:~$ ipython
Python 3.6.1 |Anaconda 4.4.0 (64-bit)| (default, May 11 2017, 13:09:58)
Type "copyright", "credits" or "license" for more information.

IPython 5.3.0 -- An enhanced Interactive Python.
?         -> Introduction and overview of IPython's features.
%quickref -> Quick reference.
help      -> Python's own help system.
object?   -> Details about 'object', use 'object??' for extra details.

In [1]:
```

图 1-8

此外，可以通过 `spyder` 命令启动自带的编辑器 Spyder，如图 1-9 所示。

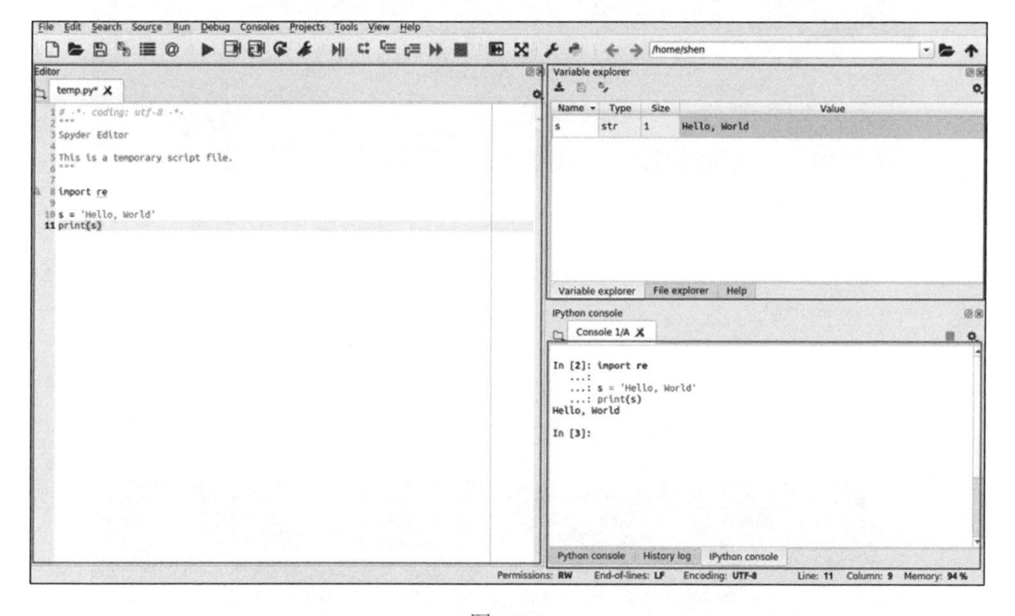

图 1-9

其界面与 MATLAB 和 RStudio 十分类似，主要分为三部分：左侧的编辑区，右上方的变量查看和文件管理区，以及右侧下方的 IPython 交互式命令行区。可以通过选中左侧部分代码，再按快捷键[Ctrl+Enter]测试部分代码，十分方便。

作为专注于数据的开源工具，新版 Anaconda 提供导航器（navigator），其包含更加丰富的内容，可以通过命令 `anaconda-navigator` 启动，界面如图 1-10 所示。

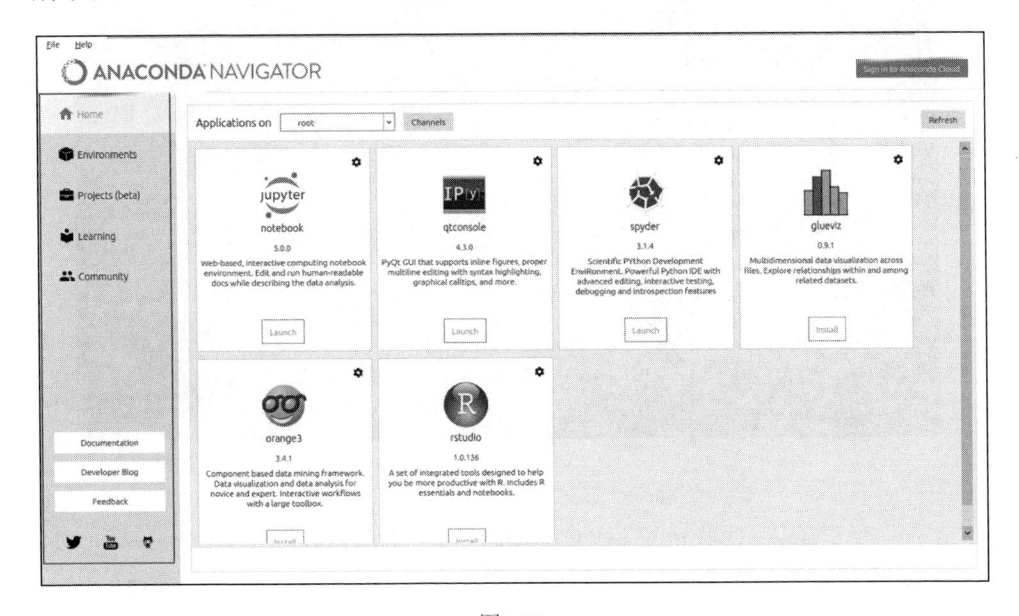

图 1-10

这里可以便捷地启动一系列的工具，此外，还包含其他有用的内容，读者可自行探索。

至此，完成了对 Anaconda 安装和基本使用方法的介绍。接下来就可以使用 Spyder 编辑器开发了，不过在此之前先为大家介绍另一款更加优秀的编辑器——PyCharm。不过 PyCharm 需要 Java 环境，所以接下来首先介绍 Java 环境的搭建。

2．Java 环境搭建

Ubuntu 默认是没有 Java 环境的，可以通过命令 `java-version` 查看，如图 1-11 所示。

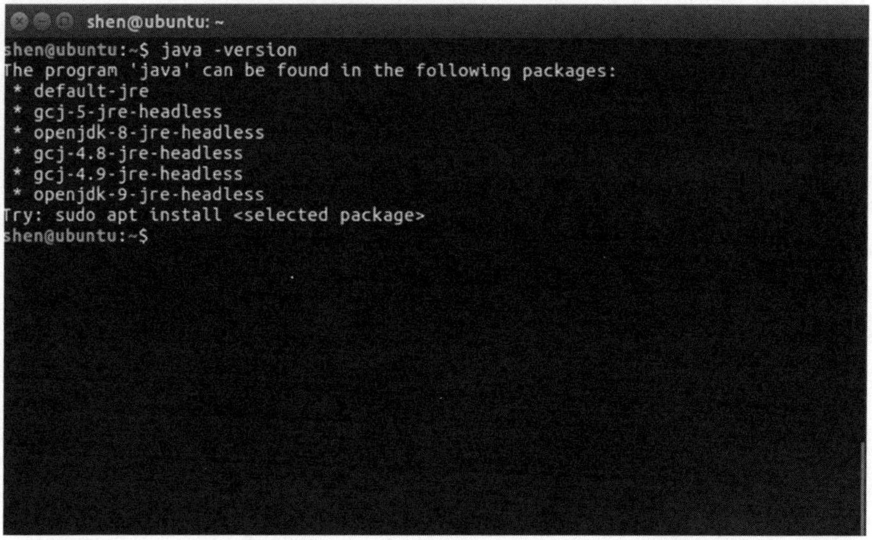

```
shen@ubuntu: ~
shen@ubuntu:~$ java -version
The program 'java' can be found in the following packages:
 * default-jre
 * gcj-5-jre-headless
 * openjdk-8-jre-headless
 * gcj-4.8-jre-headless
 * gcj-4.9-jre-headless
 * openjdk-9-jre-headless
Try: sudo apt install <selected package>
shen@ubuntu:~$
```

图 1-11

首先到 Oracle 官网（http://www.oracle.com/technetwork/java/javase/downloads/jdk8-downloads-2133151.html）找到对应的下载文件，这里选择 jdk-8u131-linux-x64.tar.gz。默认下载到 Downloads 文件夹。之后通过命令 `sudo su`，输入密码，切换到管理员身份进行下面的配置；然后输入命令 `cd '/usr'`，切换到 usr 文件夹下，再通过 `tar -zxvf '/home/shen/Downloads/jdk-8u131-linux-x64.tar.gz'` 将压缩包解压（注意：这里的路径是压缩包的绝对路径）。运行 `mv jdk1.8.0_131 jdk-8`，将文件重命名为 jdk-8。

接下来修改系统配置文件，运行 `gedit /etc/profile`，打开文件，在文件最后加入以下代码。

```
export JAVA_HOME=/usr/jdk-8
export JRE_HOME=$JAVA_HOME/jre
export CLASSPATH=.:$CLASSPATH:$JAVA_HOME/lib:$JRE_HOME/lib
export PATH=$PATH:$JAVA_HOME/bin:$JRE_HOME/bin
```

最后运行 `source /etc/profile`，使配置文件生效。再次查看 Java 环境版本，可以看到安装成功，如图 1-12 所示。

```
shen@ubuntu: ~
shen@ubuntu:~$ java -version
java version "1.8.0_131"
Java(TM) SE Runtime Environment (build 1.8.0_131-b11)
Java HotSpot(TM) 64-Bit Server VM (build 25.131-b11, mixed mode)
shen@ubuntu:~$
```

图 1-12

至此，完成了对 Java 环境的搭建，接下来就可以安装 PyCharm 了。

3. PyCharm 安装

PyCharm 是由 JetBrains 公司提供的一款专门用于 Python 的编辑器。它是一款十分优秀的软件，本书很多程序也是在 PyCharm 中运行测试的。PyCharm 分为社区版（免费）和专业版，一般社区版就足够用了。当然有需要的读者可以购买专业版，学生或者老师可以用学校的教育邮箱免费申请使用权限，一般很快就能审核通过。这里以社区版安装为例，专业版也是一样的。

首先进入 PyCharm 官网（https://www.jetbrains.com/pycharm/）下载安装文件，默认下载到 Downloads 文件夹下。之后运行命令切换到此文件夹，并进行解压，代码如下。

```
cd Downloads/
tar -xzf pycharm-community-2017.1.4.tar.gz
```

然后通过 `cd pycharm-community-2017.1.4/bin/` 切换目录到包含 PyCharm 安装文件的文件夹下。运行 `./pycharm.sh`，开始安装。安装开始后，会询问是否引入之前的设置，如图 1-13 所示。

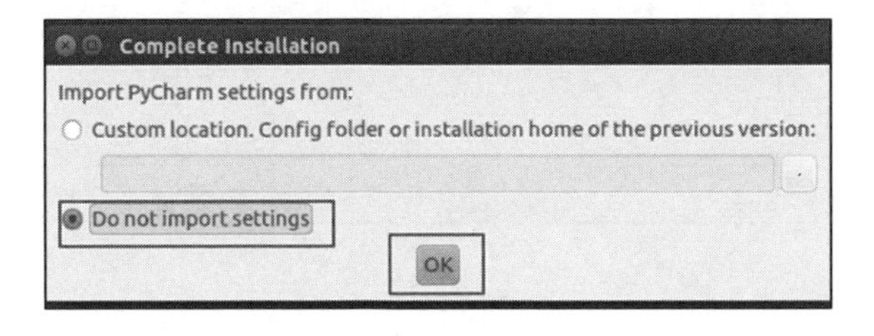

图 1-13

由于是首次安装，所以选择不引入，单击“OK”按钮即可。弹出主题等配置信息，可先选择默认配置，单击“OK”按钮，有需要时再改即可，如图 1-14 所示。

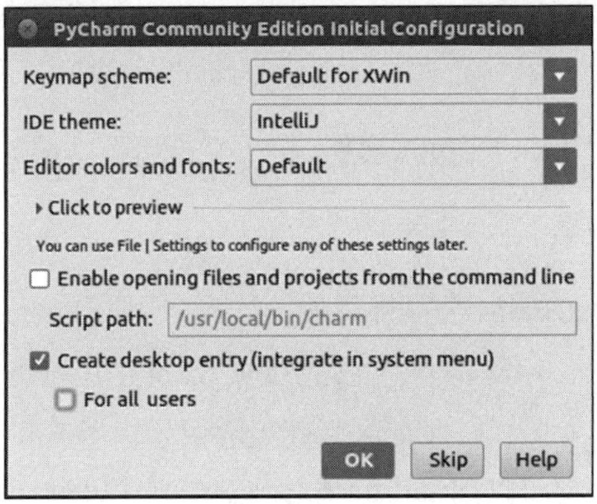

图 1-14

安装完成后，新建项目，如图 1-15 所示。

图 1-15

PyCharm 检测到系统有多个 Python 环境，所以在创建项目的时候，可以根据需要选择对应的 Python 版本，这里选用 Anaconda 提供的 Python 环境，如

图 1-16 所示。

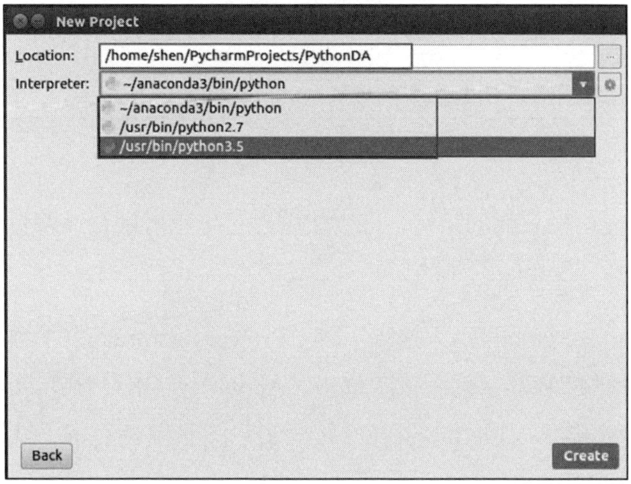

图 1-16

项目创建后，就能创建.py 文件进行运行测试了，如图 1-17 所示。

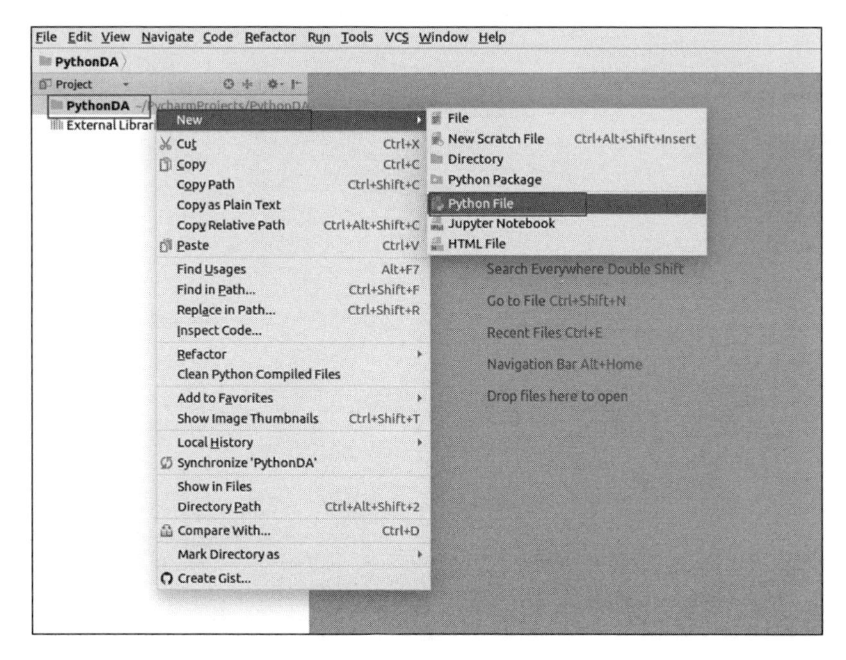

图 1-17

这里创建了 Hello.py，接下来编辑文件。在首次打开时，一般会弹出如图 1-18 所示的提示框，意为没有为项目指定 Python 解释器。

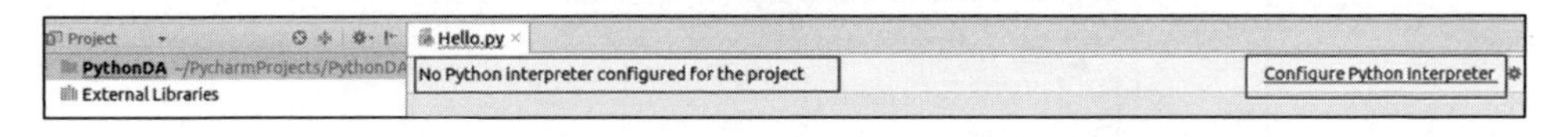

图 1-18

直接单击提示栏右侧的链接，进行配置即可（也可以在开始页面选择“File”命令，然后选择“Settings”命令）。

选择“Project Python DA”选项下的“Project Interpreter”子项，在右侧选择 Anaconda 对应的解释器，然后依次单击“Apply”、“OK”按钮即可，如图 1-19 所示（这里可能需要一段时间进行配置）。最后单击鼠标右键，选择“运行”命令或者按下快捷键[Shift+F10]。

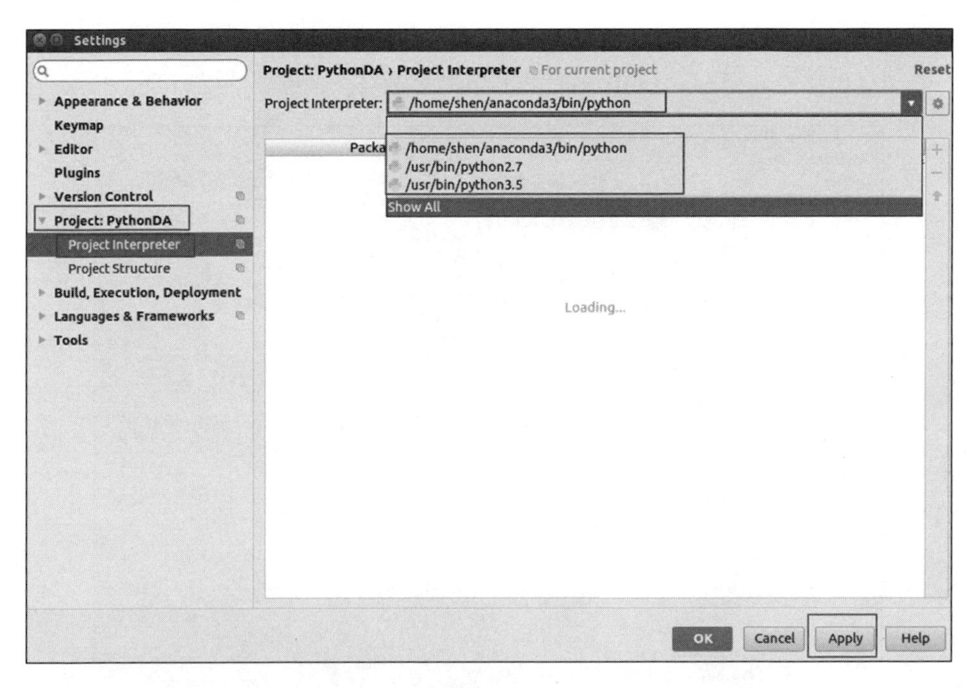

图 1-19

也可以单击右上角的绿色三角形运行，成功打印输出结果，如图 1-20 所示。exit code 为 0，表示一切正常。

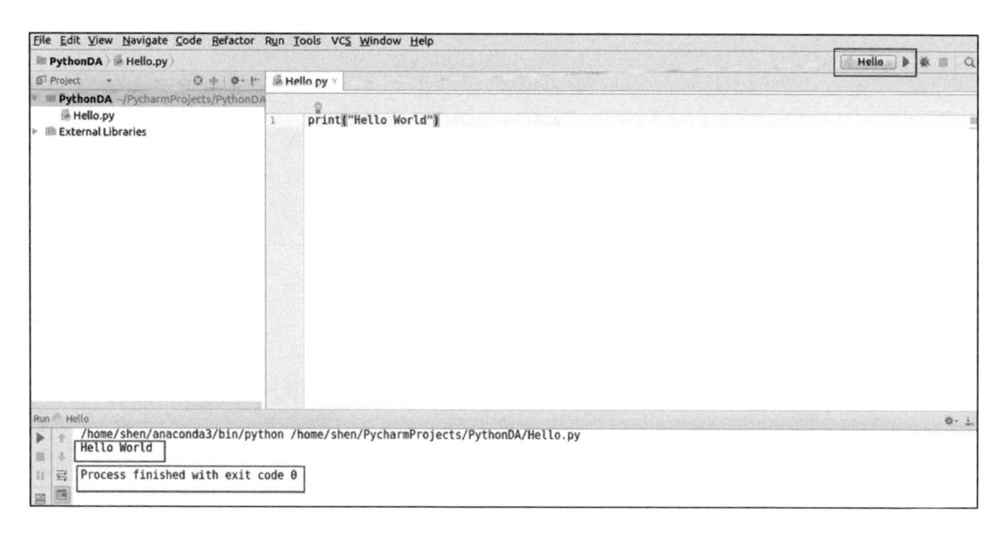

图 1-20

至此完成了 PyCharm 的安装和配置。

1.1.2 在 Windows 系统下搭建 Python 集成开发环境

1. Anaconda（Spyder）的安装与配置

在 Windows 系统下的环境搭建相对比较简单，首先进入官网（https://www.anaconda.com/download）下载对应的安装文件，这里笔者选择 Anaconda 4.4.0 For Windows，Python 3.6 version，64-BIT INSTALLER（这里为笔者写书时的最新版本）。下载完成后直接双击文件运行。安装过程中全部按照默认设置即可，当出现如图 1-21 所示的高级选项界面时，注意勾选第一个复选框，这样便可以将 Anaconda 加入环境变量。

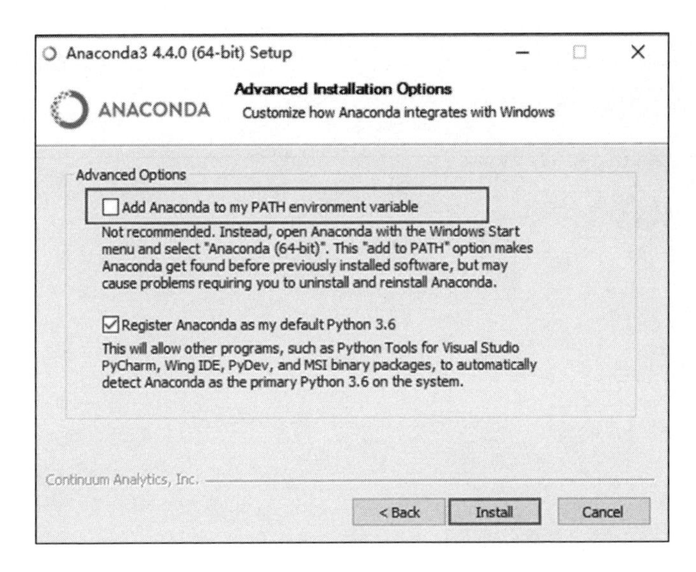

图 1-21

安装完成后，可以通过[win+R]快捷键（win 指带有 Windows 标识的按键）运行 cmd，输入 `conda list`，如图 1-22 所示。

```
Microsoft Windows [版本 10.0.10240]
(c) 2015 Microsoft Corporation. All rights reserved.

C:\Users\shen>conda list
# packages in environment at C:\Users\shen\Anaconda3:
#
_license                  1.1                  py36_1
alabaster                 0.7.10               py36_0
anaconda                  4.4.0            np112py36_0
anaconda-client           1.6.3                py36_0
anaconda-navigator        1.6.2                py36_0
anaconda-project          0.6.0                py36_0
asn1crypto                0.22.0               py36_0
astroid                   1.4.9                py36_0
astropy                   1.3.2            np112py36_0
babel                     2.4.0                py36_0
backports                 1.0                  py36_0
beautifulsoup4            4.6.0                py36_0
bitarray                  0.8.1                py36_1
blaze                     0.10.1               py36_0
bleach                    1.5.0                py36_0
bokeh                     0.12.5               py36_1
boto                      2.46.1               py36_0
bottleneck                1.2.1            np112py36_0
bzip2                     1.0.6                vc14_3  [vc14]
cffi                      1.10.0               py36_0
chardet                   3.0.3                py36_0
click                     6.7                  py36_0
cloudpickle               0.2.2                py36_0
搜狗拼音输入法 全 :
```

图 1-22

从图 1-22 中可以看到成功打印了已经安装的包，表示安装成功。同样，可以在命令行启动 Python 和 IPython，如图 1-23 所示。

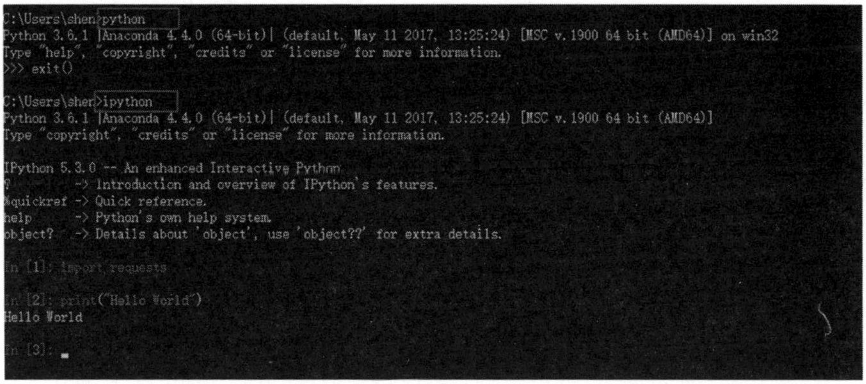

```
C:\Users\shen>python
Python 3.6.1 |Anaconda 4.4.0 (64-bit)| (default, May 11 2017, 13:25:24) [MSC v.1900 64 bit (AMD64)] on win32
Type "help", "copyright", "credits" or "license" for more information.
>>> exit()

C:\Users\shen>ipython
Python 3.6.1 |Anaconda 4.4.0 (64-bit)| (default, May 11 2017, 13:25:24) [MSC v.1900 64 bit (AMD64)]
Type "copyright", "credits" or "license" for more information.

IPython 5.3.0 -- An enhanced Interactive Python.
?         -> Introduction and overview of IPython's features.
%quickref -> Quick reference.
help      -> Python's own help system.
object?   -> Details about 'object', use 'object??' for extra details.

In [1]: import requests

In [2]: print("Hello World")
Hello World

In [3]:
```

图 1-23

Anaconda 导航器和 Spyder 既可以通过命令启动，也可以在 Windows 系统的软件搜索中直接搜索并启动，这里就不再演示了。

2．安装 PyCharm

PyCharm 的安装方式也十分简单，首先进入官网（https://www.jetbrains.com/pycharm/）下载安装文件，一般选择免费的社区版即可。下载完成后，双击文件启动安装程序。一般选择默认设置即可，不过在遇到如图 1-24 所示的界面时，注意根据需要勾选相关复选框。

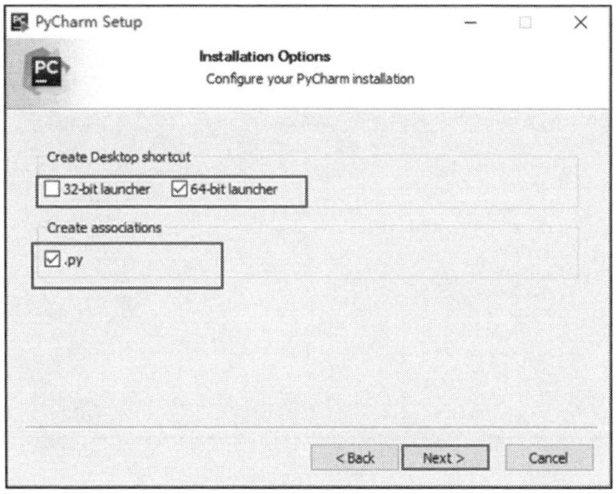

PyCharm Setup
Installation Options
Configure your PyCharm installation
Create Desktop shortcut
☐ 32-bit launcher ☑ 64-bit launcher
Create associations
☑ .py
< Back | Next > | Cancel

图 1-24

这里选择创建 64 位的桌面快捷方式并建立其与.py 文件的关联，然后等待安装完成即可。

注意：关于 PyCharm 的使用，在前面 Ubuntu 环境搭建时已经涉及，在 Windows 系统下使用方式与此类似，不熟悉的读者可参考 1.1.1 节的介绍。

1.1.3 三种安装第三方库的方法

对于初学者而言，安装第三方库是一个比较头疼的问题。网络上很多都是通过 easy_install、python setup.py 等众多手动安装的办法进行包的安装，这对初学者来说是很难接受的，所以在这里介绍三种安装第三方库的方法。本书介绍的所有库均可通过这些方法安装成功，事实上，这些方法可以极其简单地安装绝大部分的第三方库。这里以 Ubuntu 环境为例，Windows 系统下的安装方法与此类似。

1. 使用 PyCharm 安装第三方库

在设置解释器时，单击右侧的绿色加号，如图 1-25 所示。

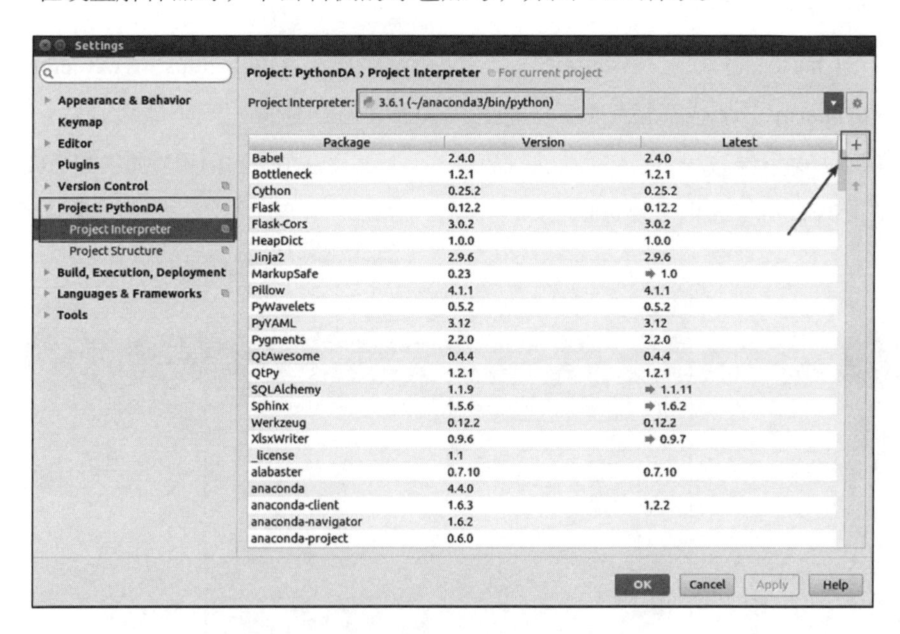

图 1-25

然后搜索要安装的第三方库的名字，选中后单击 “Install Package” 按钮即可，如图 1-26 所示。

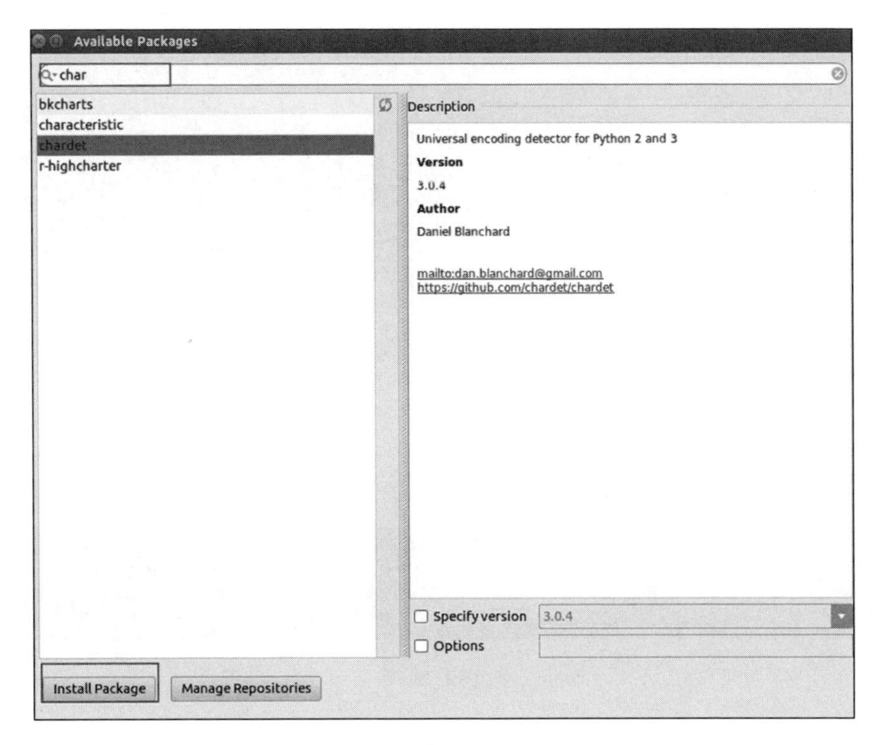

图 1-26

安装成功后，将会弹出如图 1-27 所示的提示。

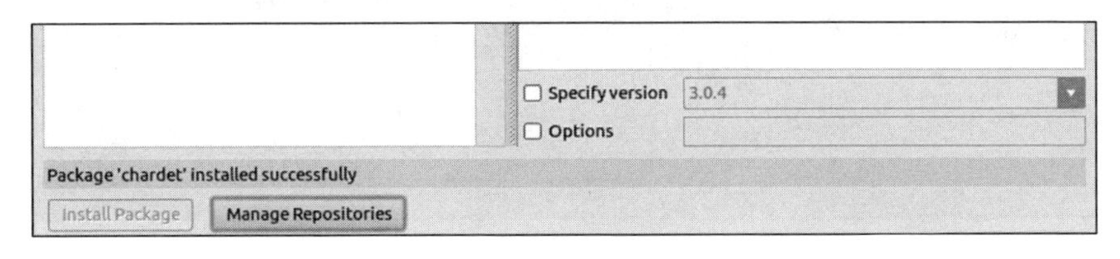

图 1-27

一般常见的库在这里都可以找得到，并能成功安装。但是当有时候因为其他原因一些库找不到或者无法安装时，可以尝试使用下面的方法。

2. 使用 conda 安装第三方库

安装 Anaconda 后，可以在命令行直接使用输入 `conda install×××` 安装相应的库，如图 1-28 所示。

```
shen@ubuntu: ~
shen@ubuntu:~$ conda install cvxopt
Fetching package metadata .........
Solving package specifications: .

Package plan for installation in environment /home/shen/anaconda3:

The following NEW packages will be INSTALLED:

    cvxopt: 1.1.8-py36_4

Proceed ([y]/n)? y

cvxopt-1.1.8-p 100% |################################| Time: 0:00:54  30.41 kB/s
shen@ubuntu:~$
```

图 1-28

不过有时候也会遇到无法安装的情况，如图 1-29 所示。

```
shen@ubuntu:~$ conda install selenium
Fetching package metadata .........

PackageNotFoundError: Package missing in current linux-64 channels:
  - selenium
```

图 1-29

这时候可以采取先搜索，再试探安装的方法。首先进行搜索，如图 1-30 所示。

```
shen@ubuntu:~$ anaconda search  -t conda selenium
Using Anaconda API: https://api.anaconda.org
Run 'anaconda show <USER/PACKAGE>' to get more details:
Packages:
     Name                         |  Version | Package Types    | Platforms
     ---------------------------- |  ------- | ---------------- | ---------
     Dalvenjia/selenium           |   2.45.0 | conda            | linux-64
                                             : Python bindings for Selenium
     KCRK/selenium                |   2.53.5 | conda            | linux-64
     Primer/selenium              |   2.53.6 | conda            | win-64
                                             : Python bindings for Selenium
     Trentonoliphant/selenium     |   2.43.0 | conda            | win-32, win-64
                                             : http://code.google.com/p/selenium/
     areebms/selenium             |   2.52.0 | conda            | win-64
                                             : Python bindings for Selenium
```

图 1-30

可以看到会返回一系列库及其信息。由于这里使用的 Python 版本是 3.6，比较高，所以一般选择版本较高的库，如图 1-31 所示。

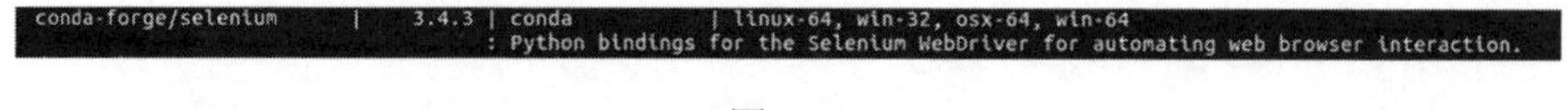

图 1-31

接下来手动指定 channel 和版本号，进行安装，如图 1-32 所示。

```
shen@ubuntu:~$ conda install --channel conda-forge selenium=3.4.3
Fetching package metadata ...........
Solving package specifications: .

Package plan for installation in environment /home/shen/anaconda3:

The following NEW packages will be INSTALLED:

    selenium:  3.4.3-py36_0  conda-forge

The following packages will be SUPERSEDED by a higher-priority channel:

    conda:     4.3.22-py36_0            --> 4.3.22-py36_0 conda-forge
    conda-env: 2.6.0-0                  --> 2.6.0-0       conda-forge

Proceed ([y]/n)? y

conda-env-2.6. 100% |###############################################| Time: 0:00:00  56.54 kB/s
selenium-3.4.3 100% |###############################################| Time: 0:00:14  56.47 kB/s
conda-4.3.22-p 100% |###############################################| Time: 0:00:17  29.44 kB/s
shen@ubuntu:~$
```

图 1-32

此外，Anaconda 还提供了很多个性化的安装方式，具体可参考官方文档。

2. 使用 pip 安装第三方库

pip 也是一个很优秀的包管理工具，通过它能完成绝大多数第三方库的安装，如图 1-33 所示。

```
shen@ubuntu: ~
shen@ubuntu:~$ pip install jieba
Collecting jieba
  Downloading jieba-0.38.zip (7.4MB)
    100% |████████████████████████████████| 7.4MB 167kB/s
Building wheels for collected packages: jieba
  Running setup.py bdist_wheel for jieba ... done
  Stored in directory: /home/shen/.cache/pip/wheels/fd/8c/07/e495d158d91e11f50c829520f77d20d1f408f18a13cdb15d02
Successfully built jieba
Installing collected packages: jieba
Successfully installed jieba-0.38
shen@ubuntu:~$
```

图 1-33

注意：由于设置了环境变量，这里使用的 `pip install ×××` 和上面的 `conda install ×××` 都是默认将第三方库安装到了 Anaconda 提供的 Python 环境中。

1.2 Python 基础语法介绍

由于本书是针对数据分析的入门书，并非是专门讲解 Python 语言的语法书，所以不会详细介绍 Python 的基础语法。这里主要是介绍在本书后面章节要用到的，而且对初学者来讲有些难以理解的知识点。

1.2.1 if__name__=='__main__'

相信读者在学习 Python 基础语法的时候，在程序最后经常会遇到这句话，这里简单解释下它的意义。总地来说，这句代码的作用是既能保证当前的.py 文件直接运行，也能保证其可以作为模块被其他.py 文件导入。下面通过几个例子帮助读者加深理解。

首先，创建一个.py 文件，设置文件名，这里为 Hello.py。编辑文件，运行下面这句代码。

```
print(__name__)
```

其输出如下。

```
__main__
```

这说明，`__name__`本身是一个变量，但它不是一般的变量。实际上，它是在程序执行前就创建并赋值的，而赋值的机制是这里的关键。在当前程序被当作主程序被执行的时候，`__name__`自动被赋值为固定的字符串`__main__`；当它作为模块被其他文件调用的时候，自动被赋值为模块所在的文件名。

基于上述对`__name__`的理解，新建 `name_main.py` 文件，写入下面这段代码。

```
def printHello():
    print("Hello World!")
    print(__name__)
if __name__ == '__main__':
    printHello()
```

其输出如下。

```
Hello World!
```

```
__main__
```

因为 `name_main.py` 文件是作为主程序来运行的，所以 `__name__` 此处被赋值为 `__main__` 。此时程序的逻辑很清楚：定义一个函数，然后判断语句，最后判断后通过执行函数。

细心的读者可能已经发现，即使不要判断语句，程序一样可以运行。例如使用以下代码，程序还是可以正常运行的。

```
def printHello():
    print("Hello World!")
    print(__name__)

printHello()
```

可见这句代码的作用是，既能保证当前的.py 文件直接运行，也能保证其可以作为模块被其他.py 文件导入。所以它也可以在当前文件被当作一个模块调入的时候发挥关键的作用。

假设 `name_main.py` 就用这种不带 if 判断语句的写法，新建 `name_main1.py`，按照如下的方式将 `name_main.py` 作为模块调入。

```
from name_main import printHello
printHello()
```

运行 `name_main1.py` 文件，想想看，输出会是什么？可能会和大家想的有些出入。

```
Hello World!
name_main
Hello World!
name_main
```

首先，可以看到 `name_main.py` 在被作为模块调入的时候，对应的 `__name__` 被赋值为对应的文件名，这一点是在意料之中的。虽然只运行了 `name_main1.py` 文件，但是可以明显看到函数被执行了两次，这就是关键所在。

这是因为，不带 if 判断语句的 `name_main.py` 文件在作为模块被引入时，printHello 函数已经自动执行了一次，之后在 `name_main1.py` 被主动调用时执行了一次，一共执行两次。

那么，此句代码的作用已经十分清楚了，它保证模块文件的函数既能在模块文件单独执行，又能保证它被其他.py 文件调入时，相应的函数不被重复执行。

回到本例，编辑 `name_main.py`，如下所示。

```
def printHello():
   print("Hello World!")
   print(__name__)
if __name__ == '__main__':
   printHello()
```

运行输出如下。

```
Hello World!
__main__
```

编辑 `name_main1.py`，如下所示。

```
from name_main import printHello
printHello()
```

运行输出如下。

```
Hello World!
name_main
```

这样既能单独运行 `name_main.py` 进行 `printHello` 函数的调试等操作，也能保证 `name_main1.py` 可以正常使用 `printHello` 函数。

1.2.2 列表解析式

列表解析式是 Python 提供的一种从列表中便捷地抽取数据的方式，类似于数学上集合的表示方式。实际上，它完全可以由 for 循环语句代替实现，只不过会略显烦琐。来看一个例子，代码如下。

```
In [1]: list1 = [1, 2, 3, 4, 5]

In [2]: l_even = [i for i in list1 if i%2 == 0]

In [3]: l_even
Out[3]: [2, 4]
```

对于 l_even，完全可以通过 for 循环语句获取，代码如下。

```
In [4]: l_even = []

In [5]: for i in list1:
   ...:     if i%2 == 0:
   ...:         l_even.append(i)
   ...:

In [6]: l_even
Out[6]: [2, 4]
```

后者明显更加麻烦一点。对于列表解析式，初学者要学会通过这种拆解的方法理解它的使用意图。自己在工作学习中也不用刻意去追求复杂的列表解析式，熟悉之后便能运用自如了。一定注意不要为了追求所谓的简捷而牺牲代码的可读性。

1.2.3 装饰器

对初学者来说，深入理解装饰器是比较困难的，这和大家对 Python 语言的熟悉程度也有一定的关系。这里初步介绍装饰器的使用。正像其名字一样，装饰器是用来“装饰”的，这里的“装饰”可以理解为“加强”的意思。也就是说，可以通过装饰器来加强我们的程序。装饰器一般用于装饰函数和类，这里仅介绍对函数的装饰。

可能有的读者会想，既然我们想要函数有加强的功能，直接写在函数里面不就行了？当然可以，这确实是一种可行的方法。但是假设想要每个函数打印此函数执行的时间，按照上面的方法，就要在每个函数里面记录开始时间和结束时间，然后计算时间差，再打印出此时间差。这样会使函数变得臃肿，包含太多和函数功能不相关的内容。假设有几十个这样的函数将要多出几十甚至上百行代码来实现这个功能。所以按照常规的方法，把函数“升级”到加强版是十分烦琐的。而装饰器就是化繁为简的法宝。通过装饰器，可以通过简单地定义一个函数，然后在每个函数前多加一行代码就可以实现函数的“升级”，这就是“装饰”。这也是使用装饰器的原因。

先看一个使用装饰器的例子，如下所示。

```
import time

def printtime(func):
    def wrapper(*args, **kwargs):
        print(time.ctime())
        return func(*args, **kwargs)

    return wrapper

@printtime
def printhello(name):
    print('Hello', name)

if __name__ == '__main__':
    printhello('Sam')
```

运行输出如下。

```
Wed Jun 28 01:13:04 2017
Hello Sam
```

这里定义了一个装饰器，用于打印函数开始执行的时间。上面的程序 `@printtime` 就是装饰器的关键。下面去掉这句，看看怎样实现同样的功能。在这之前，我们必须知道在 Python 里面，函数也是对象，也能被当作参数传递， 而装饰器的本质就是函数。

```
import time


def printtime(func):
    def wrapper(*args, **kwargs):
        print(time.ctime())
        return func(*args, **kwargs)

    return wrapper


def printhello(name):
    print('Hello', name)


if __name__ == '__main__':
    printhello_plus = printtime(printhello)
    printhello_plus('Sam')
```

其输出同样可以打印时间和问候语。先看以下两句代码。

```
printhello_plus = printtime(printhello)
printhello_plus('Sam')
```

修改后的代码将 `printhello` 函数作为对象传给 `printtime` 作为参数，然后 `printtime` 函数将返回的 `wrapper` 函数赋给了 `printhello_plus` ，也就是说此时的 `printhello_plus` 函数和 `wrapper` 函数是一致的。接下来执行 `printhello_plus` 函数，就像 `wrapper` 函数中写到的一样，先打印日期时间，再执行一开始传入的函数（此处是 `printhello` ）。

也就是说，`printhello_plus = printtime(printhello)` 是对原 printhello 函数进行“加强”的操作。后面的 `printhello_plus('Sam')` 是对加强后函数的调用操作。而 `@printtime` 实现的正是这个功能，只是少了这个显式的“加强”并额外赋值的操作。将 `@printtime` 置于函数定义之前，就相当于自动进行了“加强”的操作，并且加强版本的函数名还是原来的函数名。

通过这样的拆解，现在对装饰器有了基本认识，但是进一步的学习还需要对闭包等概念有更加深入的认识。在后面爬虫多线程的测试实验中还会用到，与这里的例子是类似的，读者可以尝试着理解。

1.2.4 递归函数

在函数的内部还可以调用函数，不过一般来说再次调用的函数都是其他函数，如果再次调用的函数是函数本身，那么这个函数就是递归函数。一个十分经典的例子就是阶乘的计算（为了简化，未考虑 0 的阶乘）。阶乘的概念很简单：`n! = nx(n-1)x(n-2)x...2x1`。基于此，可以写出计算阶乘的函数，如下所示。

```
def factorial_normal(n):
    result = 1
    for i in range(n):
        result = result * n
        n = n - 1
    return result
```

这是一种解决的方法，逻辑比较简单，下面来看递归的实现方式。根据阶乘的概念，可以得到 `n!=nx(n-1)!`。基于此，我们可以写出如下计算阶乘的递归函数。

```
def factorial_recursion(n):
    if n == 1:
        return 1
    return n * factorial_recursion(n - 1)
```

假设执行 `factorial_recursion(5)`，其逻辑如下。

```
factorial_recursion(5)
= 5 * factorial_recursion(4)
= 5 * 4 * factorial_recursion(3)
= 5 * 4 * 3 * factorial_recursion(2)
```

```
= 5 * 4 * 3 * 2 * factorial_recursion(1)
= 5 * 4 * 3 * 2 * 1
= 120
```

这两种方法都是可行的，但是很明显使用递归的方式要更加简捷一些，而且可以清晰地看出计算的逻辑。在后面爬虫断线重连机制的实现上就使用了递归函数，它使得爬虫程序更加稳健。除此之外，递归在图的遍历、数据结构的构造等方面都有十分广泛的应用。当然，递归也有其缺点，在调用次数过多时会造成栈溢出。例如这里计算 `factorial_recursion(1000)` 就会报错：`RecursionError: maximum recursion depth exceeded in comparison`。

注意：可以将递归函数改为尾递归的形式解决栈溢出问题，其实就相当于循环。但是 Python 解释器没有对尾递归进行优化，所以即使使用尾递归也会导致栈溢出。此外，Python 默认的递归次数大约是 1000 次（不同的机器可能会不同），当然可以通过 `sys.setrecursionlimit(n)` 打破递归次数的限制，设置为自定义的 *n* 次，不过我们不建议这么做，深层次的递归会明显降低程序运行效率。

1.2.5 面向对象

Python 支持面向对象编程（Object-Oriented Programming，简称 OOP），在 Python 中实现 OOP 的关键就是类和对象。这里简单介绍一些相关的基础知识，以便大家对面向对象有基本的认识。

面向对象使得我们可以通过抽象的方法来简化程序，其一大优点就是代码复用（在多态继承上的应用尤为突出）。来看下面一段代码。

```
class Person:
    has_hair = True

    def __init__(self, name, age):
        self.name = name
        self.age = age
```

```
    def sayhello(self, words):
        print("Hello, I'm", self.name)
        print(words)

if __name__ == '__main__':
    Sally = Person('Sally', 20)
    Sally.sayhello("Nice to meet you")

    Tom = Person('Tom', 19)
    Tom.sayhello("Nice to meet you too")
```

运行输出如下。

```
Hello, I'm Sally
Nice to meet you
Hello, I'm Tom
Nice to meet you too
```

这里通过 class 关键字定义了一个名为 Person 的类，其中 Person 称为类名。在类的内部，定义了一个变量 has_hair，称为类属性；定义的两个函数称为类方法。下面通过给 Person 传入必须的参数得到两个实例 Sally、Tom，这个过程称为实例化。

注意这里的 self 代表实例。第一个函数是在实例被创建的时候自动执行的，它给实例增添了 name 和 age 属性，这些属性只有实例本身才有，称为实例属性。

最后通过实例调用了 sayhello 方法，打印了问候语。作为拓展，在后面第 3 章数据清洗中还会介绍面向对象的文件操作。当然这些都是很基础的应用，进一步的学习需要大家自行探索。

1.3 The Zen of Python

开始正式学习本书的最后一个准备工作，便是对这门编程语言的艺术有一个了解。打开 IPython，输入 `import this` 。这些输出的内容要始终铭记于心。

```
The Zen of Python, by Tim Peters

Beautiful is better than ugly.
Explicit is better than implicit.
Simple is better than complex.
Complex is better than complicated.
Flat is better than nested.
Sparse is better than dense.
Readability counts.
Special cases aren't special enough to break the rules.
Although practicality beats purity.
Errors should never pass silently.
Unless explicitly silenced.
In the face of ambiguity, refuse the temptation to guess.
There should be one-- and preferably only one --obvious way to do it.
Although that way may not be obvious at first unless you're Dutch.
Now is better than never.
Although never is often better than *right* now.
If the implementation is hard to explain, it's a bad idea.
If the implementation is easy to explain, it may be a good idea.
Namespaces are one honking great idea -- let's do more of those!
```

中文翻译如下。

```
Python 之禅
优美胜于丑陋
明确胜于隐晦
简单胜于复杂
复杂胜于凌乱
扁平胜于嵌套
稀疏胜于紧凑
可读性至关重要
即便特例，也需服从以上规则
```

```
除非刻意追求，错误不应跳过
面对歧义条件，拒绝尝试猜测
解决问题的最优方法应该有且只有一个
尽管这一方法并非显而易见（除非你是 Python 之父）
动手胜于空想
空想胜于不想
难以解释的实现方案，不是好方案
易于解释的实现方案，才是好方案
命名空间是个绝妙的理念，多多益善！
```

参考文献

[1] Fabrizio Romano. Learning Python[M]UK: Packt Publishing, 2015.

[2] David Beazley, Brian K. Jones. Python Cookbook[M] America: O'Reilly Media, 2013.

2 数据的获取

学习目标

- 掌握网络爬虫爬取数据的基本流程
- 掌握 requests、BeautifulSoup、chardet 等库的使用方法
- 能够完成从爬取到存取的完整流程，自己独立开发简单爬虫

在互联网高速发展的今天，互联网存储了海量有价值的数据，要想将数据的价值发挥出来，必须进行数据分析，而这一切的起点就是数据的采集。面对如此多的数据，人工采集显然已经不太现实，那么如何高效获取这些数据呢？答案就是网络爬虫。

2.1 爬虫简介

什么是网络爬虫呢？网络爬虫（web crawler），也被称为网络蜘蛛（web spider），是在万维网浏览网页并按照一定规则提取信息的脚本或者程序。一般浏览网页时，流程如图 2-1 所示。

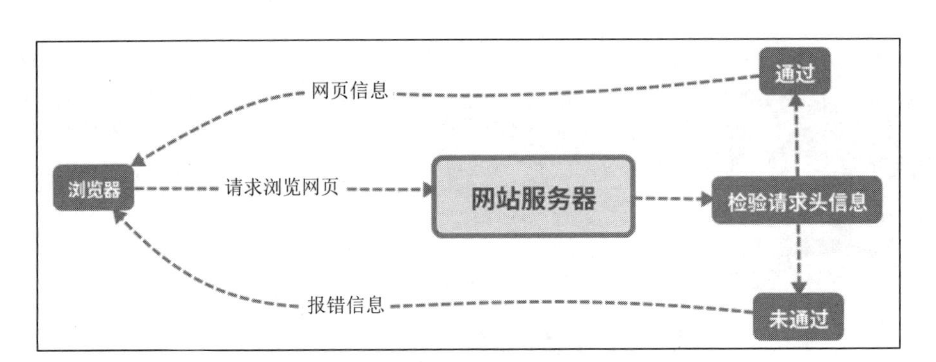

图 2-1

而利用网络爬虫爬取信息就是模拟这个过程。用脚本模仿浏览器，向网站服务器发出浏览网页内容的请求，在服务器检验成功后，返回网页的信息，然后解析网页并提取需要的数据，最后将提取得到的数据保存即可。关于模拟过程的解释如下。

- 怎样发起请求

  使用 requests 库来发起请求。

- 服务器为什么要检验请求

  大量的爬虫请求会造成服务器压力过大，可能使得网页响应速度变慢，影响网站的正常运行。所以网站一般会检验请求头里面的 User-Agent（以下简称 UA，相当于身份的识别）来判断发起请求的是不是机器人，而我们可以通过自己设置 UA 来进行简单伪装。也有些网站设置有 robots.txt 来声明对爬虫的限制，例如 www.baidu.com/robots.txt。

- 怎样解析网页并提取数据

  这里使用 BeautifulSoup 库和正则表达式来解析网页并提取数据。

- 怎样保存提取的内容

  可以根据数据格式的不同将内容保存在 TXT、CSV、XLSX、JSON 等文件中，对于数据量比较大的内容，可以选择存入数据库。

注意：有些网站设置 robots.txt 来声明对爬虫的限制，一般情况下，我们应当遵守此规则。关于 robots.txt 的知识，这里仅作简单介绍，详情请参考维基百科或者 http://www.robotstxt.org/。之后我们还会简单介绍如何遵守 robots.txt 进行数据获取。此外，本书所有爬虫代码示例均为学习交流之便。作为一名合格的互联网公民，希望读者在开发企业级爬虫获取数据时仔细阅读相关网站的 robots.txt，合理采集数据，切勿对网站造成过载等不良影响。

至此，已经大概了解网络爬虫的原理。想深入了解传输原理的读者可参考一些关于 HTTP 协议的资料。接下来，我们将进行实际操作。

2.2 数据抓取实践

2.2.1 请求网页数据

1. 发起请求

先看下面这段代码。

```
import requests


url = 'http://www.douban.com'
data = requests.get(url)
print(data.text)
```

运行输出如下（截取部分）。

```
<!DOCTYPE HTML>
<html lang="zh-cms-Hans" class="">
<head>
<meta charset="UTF-8">
<meta name="description" content="提供图书、电影、音乐唱片的推荐、评论和价格比较，以
及城市独特的文化生活。">
```

```
<meta name="keywords" content="豆瓣，广播，登录豆瓣">
<meta property="qc:admins" content="2554215131764752166375" />
<meta property="wb:webmaster" content="375d4a17a4fa24c2" />
<meta name="mobile-agent" content="format=html5; url=https://m.douban.com">
<title>豆瓣</title>
```

下面进行简要说明。

- import requests

  调入需要的库 requests。

- url = 'http://www.douban.com'

  将变量 url 赋值为豆瓣的网址。

- data = requests.get(url)

  利用 requests 库的 get 方法，向此 URL（即豆瓣首页）发起请求，并将服务器返回的内容存入变量 data。

- print(data.text)

  打印服务器返回的内容。从打印内容来看，已经请求成功。

注意：这里使用 requests.get 请求网页数据，涉及向网站提交表单数据的时候，如登录豆瓣等网站，我们还会用到 post 方法，这个之后还会介绍。

至此，发起请求的部分已经完成一大部分了。为什么不是全部呢？细心的读者已经发现，这里并没有设置 UA 进行伪装，但是仍然得到了网页内容。但是在有些情况下，不设置 UA 会出现错误。

2. 设置 UA 进行伪装

那么，如何设置 UA 进行伪装呢？这里介绍一个网址，http://httpbin.org/get，它会返回一些关于请求头的信息。下面是笔者访问时返回的内容。

```
{
  "args": {},
  "headers": {
    "Accept": "text/html,application/xhtml+xml,application/xml;q=0.9,*/*;q=
0.8",
    "Accept-Encoding": "gzip, deflate",
    "Accept-Language": "en-US,en;q=0.5",
    "Connection": "close",
    "Host": "httpbin.org",
    "Upgrade-Insecure-Requests": "1",
    "User-Agent": "Mozilla/5.0 (X11; Ubuntu; Linux x86_64; rv:52.0) Gecko/20
100101 Firefox/52.0"
  },
  "origin": "45.77.19.213",
  "url": "http://httpbin.org/get"
}
```

可以看到返回的 UA 如下。

"User-Agent": "Mozilla/5.0 (X11; Ubuntu; Linux x86_64; rv:52.0) Gecko/20100101 Firefox/52.0"

下面仍然利用之前的请求代码，只是地址改为这个网址，再次查看 UA。

```
import requests

url = 'http://httpbin.org/get'
data = requests.get(url)
print(data.text)
```

运行输出如下。

```
{
  "args": {},
  "headers": {
    "Accept": "*/*",
```

```
    "Accept-Encoding": "gzip, deflate",
    "Connection": "close",
    "Host": "httpbin.org",
    "User-Agent": "python-requests/2.9.1"
  },
  "origin": "113.58.87.225",
  "url": "http://httpbin.org/get"
}
```

此时 UA 如下所示。

"User-Agent" : "python-requests/2.9.1"

显然，在没有 UA 的伪装下，服务器很容易就能识别出对方是一只网络爬虫的，所以有些网站在发现请求来自网络爬虫时将直接拒绝请求。为了伪装，可以通过下面的方式设置 UA 的伪装。

```
import requests

url = 'http://httpbin.org/get'
# headers 里面大小写均可
headers = {'User-Agent': "Mozilla/5.0 (X11; Ubuntu; Linux x86_64; rv:52.0) G
ecko/20100101
Firefox/52.0"}
data = requests.get(url, headers=headers)
print(data.text)
```

运行输出如下。

```
{
  "args": {},
  "headers": {
    "Accept": "*/*",
    "Accept-Encoding": "gzip, deflate",
    "Connection": "close",
    "Host": "httpbin.org",
```

```
  "User-Agent": "Mozilla/5.0 (X11; Ubuntu; Linux x86_64; rv:52.0) Gecko/20
100101 Firefox/52.0"
 },
 "origin": "113.58.87.225",
 "url": "http://httpbin.org/get"
}
```

可以看到，此时的 UA 和用浏览器请求的 UA 是一样的，说明已经伪装成功。而 UA 的获取也十分简单，在任意网页空白处单击鼠标右键→选择“检查元素”→选择“Network”选项→选中一个请求（没有则刷新网页）→选择右侧“Header”选项，可以看到下方 UA，如图 2-2 所示。

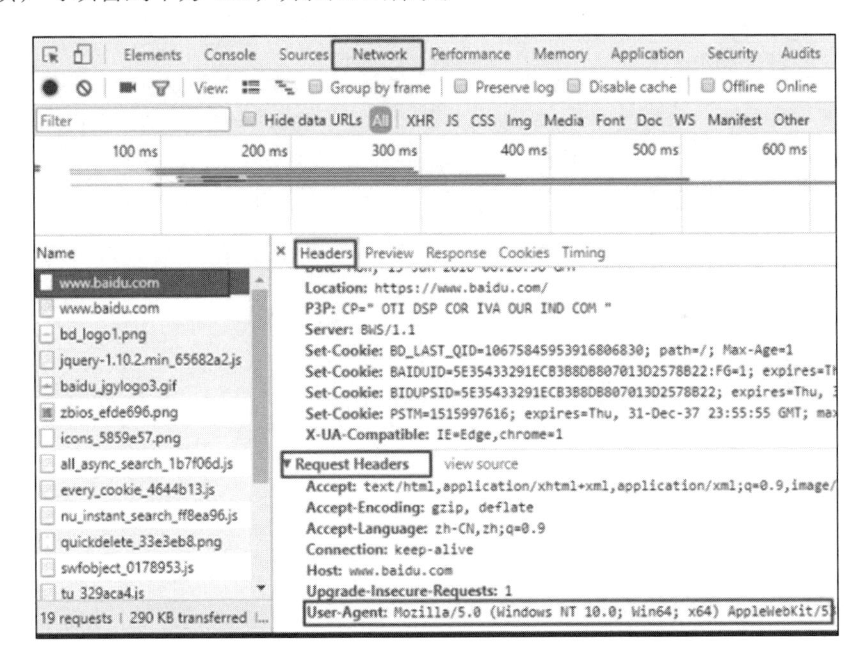

图 2-2

至此，已经能够完成网页的请求，并进行简单的伪装了！

注意：这里通过设置 headers，并以参数形式传入 requests 的 get 函数进行伪装。headers 是字典的形式。

2.2.2 网页解析

在得到网页的内容后，要通过解析从中提取我们想要的信息。在解析前，要明确爬取的内容，这里假设想要抓取豆瓣推出的新书信息。即爬取 https://book.douban.com/latest 上面书籍的信息。

先看下面一段代码。

```
import requests
from bs4 import BeautifulSoup

# 请求数据
url = 'https://book.douban.com/latest'
# headers 里面大小写均可
headers = {'User-Agent': "Mozilla/5.0 (X11; Ubuntu;Linux x86_64; rv:52.0)
Gecko/20100101 Firefox/52.0"}
data = requests.get(url, headers=headers)
print(data.text)

# 解析数据
soup = BeautifulSoup(data.text, 'lxml')
print(soup)
```

下面进行简要说明。

- from bs4 import BeautifulSoup

  调入要使用的库 bs4。

- soup = BeautifulSoup(data.text, 'lxml')

  将网页数据转化为 BeautifulSoup 对象，并将这个对象命名为 soup。

- print(soup)

  打印 soup 内容。接下来的解析操作，针对 BeautifulSoup 对象：先检查元素，观察网页。

注意：这里选择检查元素后，将鼠标指针直接移动到右侧，即可看到这部分代码对应的网页内容。而相反地，想通过网页内容定位代码时，可以单击检查元素后左上角的小箭头标志。然后在网页中选中想要的数据，如此即可在右侧自动跳转到对应的代码。

通过观察，发现图书的内容分别包含在右方的两个标签下，如图 2-3 和图 2-4 所示。

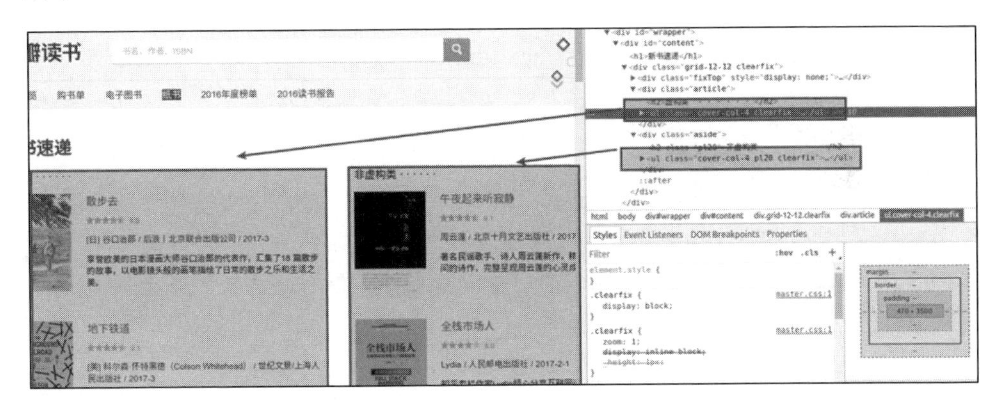

图 2-3

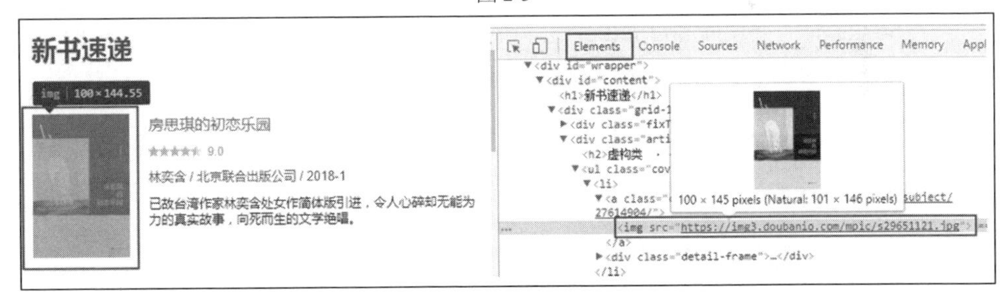

图 2-4

接下来，分别提取即可。在上面代码的基础上，添加以下几行代码。

```
# 观察到网页上的书籍按左右两边分布，按照标签分别提取
books_left = soup.find('ul', {'class':'cover-col-4 clearfix'})
books_left = books_left.find_all('li')


books_right = soup.find('ul', {'class':'cover-col-4 pl20 clearfix'})
```

```
books_right = books_right.find_all('li')

books = list(books_left)+list(books_right)
```

这里涉及 BeautifulSoup 对象的用法，解析如下。

- find

通过观察要提取的标签和此处的写法，可以发现 find 是找到网页中标签为 ul、类 class 为 cover-col-4 clearfix 的第一个内容。返回的对象拥有一些易于操作的属性，这是 BeautifulSoup 赋予它们的，接下来还会解释这些属性。

- find_all

同样，find_all 用于找到所有符合要求的标签内容，返回一个列表。列表的每一个元素和 find 返回的对象是一样的，拥有一些功能强大的属性。

下面对代码进行简要说明。

- books_left = soup.find('ul', {'class':'cover-col-4 clearfix'})books_left = books_left.find _all('li')

获取左半边书籍列表内容；提取左边列表所有书籍的内容，存储到 book_left。

- books_right = soup.find('ul', {'class':'cover-col-4 pl20 clearfix'}) books_right = books_right.find_all('li')

获取右半边书籍列表内容；提取右边列表所有书籍的内容，存储到 book_right。

- books = list(books_left)+list(books_right)

将所有单个的图书信息块，存到一个列表内，方便后续统一操作。

接下来，对每个包含单个图书信息的“信息块”进行统一的提取操作。

```
# 对每一个图书区块进行相同的操作，获取图书信息
img_urls = []
titles = []
ratings = []
authors = []
details = []
for book in books:
    # 图书封面图片 url 地址
    img_url = book.find_all('a')[0].find('img').get('src')
    img_urls.append(img_url)
    # 图书标题
    title = book.find_all('a')[1].get_text()
    titles.append(title)
    # print(title)

    # 评价星级
    rating = book.find('p', {'class':'rating'}).get_text()
    rating = rating.replace('\n','').replace(' ','')
    ratings.append(rating)

    # 作者及出版信息
    author = book.find('p', {'class':'color-gray'}).get_text()
    author = author.replace('\n','').replace(' ','')
    authors.append(author)

    # 图书简介
    detail = book.find_all('p')[2].get_text()
    detail = detail.replace('\n','').replace(' ','')
    details.append(detail)
```

读者可能感觉这些代码有些复杂，但是仔细观察，用到的关键解析工具主要还是 find 与 find_all。下面对代码进行简要说明。

- for book in books:

此处的 for 循环，用来遍历每一个含有单个图书信息的“信息块”，以便进行统一的提取操作。

检查元素，单击右上方的箭头（这里用的 Chrome 浏览器，其他浏览器一般在这个位置也有箭头），选中网页中的图书封面，可以在右侧看到鼠标光标已经调到了图书封面图片地址处，这个网址就是当前要提取的内容（参见图 2-5）。

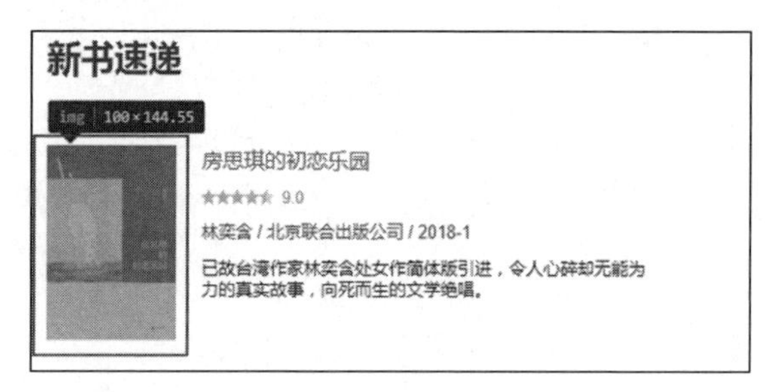

（a）

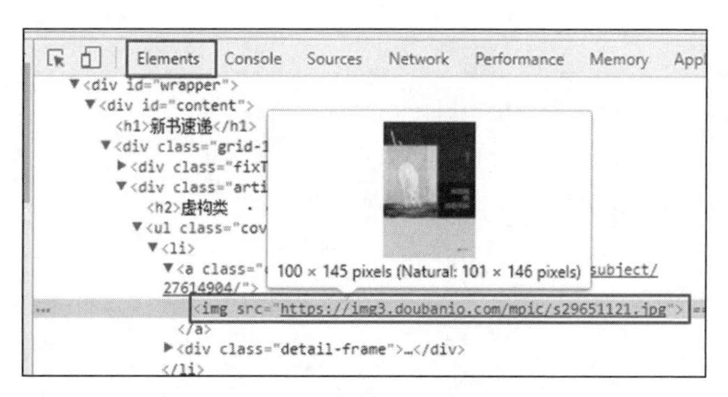

（b）

图 2-5

- #图书封面图片 url 地址

  img_url = book.find_all('a')[0].find('img'). get('src')

  img_urls. append(img_url)

可以看出图片地址在此“信息块”的第一个 a 标签内，通过 find_all('a')找到所有 a 标签，再通过索引[0]提取第一个 a 标签的内容，仔细观察会发现，URL 在此 a 标签下的 img 标签内。同样的方法，定位到此 img 标签。应用 find 返回对象的 get 方法，获取 src 对应的值，即为要找的 URL 地址。将此图书的 URL 加入事先准备好的 img_urls 列表内，方便进一步的利用与存取操作。

之后用同样的方法对单个图书的“信息块”提取标题、简介等信息。

- get_text()

  此方法可以去除 find 返回对象内的 html 标签，返回纯文本。

- replace

  由于纯文本有时会包含换行符（\n）和空格等，不易阅读，此处可使用适当的字符替换，从而美化提取内容。

至此，已经完成了网页信息的提取。此时完整的代码如下，可以打印提取的内容。

```
import requests
from bs4 import BeautifulSoup

# 请求数据
url = 'https://book.douban.com/latest'
# headers 里面大小写均可
headers = {'User-Agent': "Mozilla/5.0 (X11; Ubuntu; Linux x86_64; rv:52.0) G
ecko/20100101
 Firefox/52.0"}
data = requests.get(url, headers=headers)
# print(data.text)

# 解析数据
soup = BeautifulSoup(data.text, 'lxml')
# print(soup)

# 观察到网页上的书籍按左右两边分布，按照标签分别提取
books_left = soup.find('ul', {'class':'cover-col-4 clearfix'})
books_left = books_left.find_all('li')
```

```
books_right = soup.find('ul', {'class':'cover-col-4 pl20 clearfix'})
books_right = books_right.find_all('li')
books = list(books_left)+list(books_right)

# 对每一个图书区块进行相同的操作，获取图书信息
img_urls = []
titles = []
ratings = []
authors = []
details = []
for book in books:
    # 图书封面图片 URL 地址
    img_url = book.find_all('a')[0].find('img').get('src')
    img_urls.append(img_url)
    # 图书标题
    title = book.find_all('a')[1].get_text()
    titles.append(title)
    # print(title)

    # 评价星级
    rating = book.find('p', {'class':'rating'}).get_text()
    rating = rating.replace('\n','').replace(' ','')
    ratings.append(rating)

    # 作者及出版信息
    author = book.find('p', {'class':'color-gray'}).get_text()
    author = author.replace('\n','').replace(' ','')
    authors.append(author)

    # 图书简介
    detail = book.find_all('p')[2].get_text()
    detail = detail.replace('\n','').replace(' ','')
    details.append(detail)
```

```
print("img_urls: ", img_urls)
print("titles: ", titles)
print("ratings: ", ratings)
print("authors: ", authors)
print("details: ", details)
```

注意：解析时，先将网页数据转化为 soup 对象，再运用 soup 对象的一些方法逐步获取需要的数据。常用的方法上述代码基本都涉及了，具体可参考 bs4 官方文档。

运行输出如图 2-6 所示。

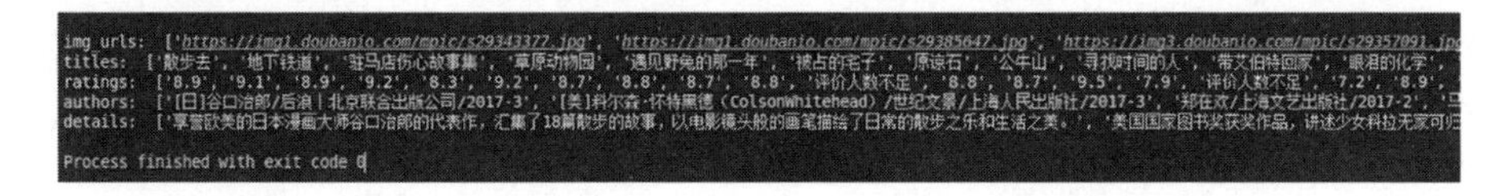

图 2-6

此处，注释了网页内容的打印。

注意：一般来讲，写爬虫的过程是探索性的，也就是说根据需要来打印一些辅助的信息，例如看一下中间的提取过程是否将所有数据完全提取。但是在最后调试完成、投入使用的时候要将这些多余的操作注释掉或者删除，避免其拖慢程序的运行。

现在，经过简单的操作，已经迈出一大步了，我们已经完成了请求和解析，接下来就是存储数据，到了收获最后果实的时候了！ 这里要提醒读者两点：首先，上面的解析代码，每一句都不是一下就写出来的，都是经过测试才得到的，所以在写爬虫时要保证抓取的准确性，就要在写抓取规则时，不断测试，免得一错再错。再者要学会简单的“测试性”学习。例如对上面的 get_text()不太理解，那么可以从网页随便复制一部分内容，将其转化为 soup 对象，然后进行不断的测试来加深理解。在测试的同时，查看相应库的官方文档也是十分重要的。

2.2.3 数据的存储

数据的存储方式有很多种，这里将数据存为 CSV 格式，这是一种非常常见的格式，其他的几种存储方式，将在 2.2.4 节进行详细介绍。首先看下面一段代码。

```
import pandas as pd
result = pd.DataFrame()
result['img_urls'] = img_urls
result['titles'] = titles
result['ratings'] = ratings
result['authors'] = authors
result['details'] = details
result.to_csv('result.csv', index=None)
```

代码解析如下。

- import pandas as pd

  导入 pandas 库，将其简化记为 pd。

- result = pd.DataFrame()

  创建空的 DataFrame 数据框，便于数据的存储。数据框就是一种数据存取的格式，类似于 Python 原生的字典。

- result['img_urls'] = img_urls
  result['titles'] = titles
  result['ratings'] = ratings
  result['authors'] = authors
  result['details'] = details

  将对应数据填充到数据框。

- result.to_csv('result.csv', index=None)

  调用 to_csv 方法，将 DataFrame 直接转化为 CSV 格式。

注意：我们一般将这种类型的数据存为 CSV 格式，一是因为格式简单清晰，二是因为大部分第三方库都可以直接导入 CSV 格式的文件。

至此，已经完成了一个完整的数据爬取的流程，总地来说就是分为三个步骤：请求并获取网页数据、解析网页提取有价值的数据，以及存储爬取的数据。

最后，为了提升代码的可读性，可以将上述三个过程抽象成三个函数，再将其纳入 run 函数。

```
import requests
import pandas as pd
from bs4 import BeautifulSoup

# 请求数据
def get_data():
    url = 'https://book.douban.com/latest'
    # headers 里面大小写均可
    headers = {'User-Agent': "Mozilla/5.0 (X11; Ubuntu; Linux x86_64; rv:52.0)
 Gecko/20100101 Firefox/52.0"}
    data = requests.get(url, headers=headers)
    # print(data.text)
    return data

# 解析数据
def parse_data(data):
    soup = BeautifulSoup(data.text, 'lxml')
    # print(soup)

    # 观察到网页上的书籍按左右两边分布，按照标签分别提取
    books_left = soup.find('ul', {'class':'cover-col-4 clearfix'})
    books_left = books_left.find_all('li')
    books_right = soup.find('ul', {'class':'cover-col-4 pl20 clearfix'})
    books_right = books_right.find_all('li')
    books = list(books_left)+list(books_right)
```

```
# 对每一个图书区块进行相同的操作，获取图书信息
img_urls = []
titles = []
ratings = []
authors = []
details = []
for book in books:
    # 图书封面图片 URL 地址
    img_url = book.find_all('a')[0].find('img').get('src')
    img_urls.append(img_url)
    # 图书标题
    title = book.find_all('a')[1].get_text()
    titles.append(title)
    # print(title)

    # 评价星级
    rating = book.find('p', {'class':'rating'}).get_text()
    rating = rating.replace('\n','').replace(' ','')
    ratings.append(rating)

    # 作者及出版信息
    author = book.find('p', {'class':'color-gray'}).get_text()
    author = author.replace('\n','').replace(' ','')
    authors.append(author)

    # 图书简介
    detail = book.find_all('p')[2].get_text()
    detail = detail.replace('\n','').replace(' ','')
    details.append(detail)

print("img_urls: ", img_urls)
print("titles: ", titles)
print("ratings: ", ratings)
```

```
    print("authors: ", authors)
    print("details: ", details)
    return img_urls,titles,ratings, authors, details

# 存储数据
def save_data(img_urls,titles,ratings, authors, details):
    result = pd.DataFrame()
    result['img_urls'] = img_urls
    result['titles'] = titles
    result['ratings'] = ratings
    result['authors'] = authors
    result['details'] = details
    result.to_csv('result.csv', index=None)

# 开始爬取
def run():
    data = get_data()
    img_urls,titles,ratings, authors, details = parse_data(data)
    save_data(img_urls,titles,ratings, authors, details)

if __name__=='__main__':
    run()
```

- 关于 if __name__=='__main__':

这里读者不必过于在意，它作为程序入口，一般在涉及多个文件相互调用时才起作用。将最后两行换为 run()也可以运行，这里只是遵循一般性的写法。在本书的第 1 章也有关于这个用法的详细介绍。

- 关于函数

函数的关键在于参数的传递，一个函数执行完自己的功能，返回其得到的结果供下一个函数操作，如此传递下去，直到从原始的网页数据提取到想要的数据。如果这里读者理解起来比较困难，那么也不必担心，先放一放，等过一段时间再回头看，就会一目了然了。读者只需要记住，这里使用函数是为了提升代码可读性和便于日后的维护。

- 关于输出

为了便于观察程序的运行，而不影响程序的效率，可以在函数中适当打印提示信息。例如在 run 函数开始的时候加上 `print("开始爬取...")` 等信息。这点希望读者可以注意下，适当打印信息可以帮助我们调试程序，相信随着不断的实战练习，大家会认识到这一点。

2.3 爬虫进阶

接下来将要探讨爬虫的进阶知识。实际上，2.2 节介绍的网页请求、下载、网页内容的解析、数据的提取与储存就是爬虫的全部流程，但是在流程的内部还有很多细节值得我们进一步去了解。简单讲，只是写出一个完整的爬虫、熟悉爬虫运行的流程是远远不够的，在数据获取的过程中，我们的程序还有很多地方需要改进。

2.3.1 异常处理

1. 狭义的异常处理

这里首先通过具体的例子来了解 Python 的异常处理机制。此外，读者可以尝试人为制造一些常见的错误，并进行捕捉，从而加深对这类异常处理方法的理解。

先看下面这段程序。

```
import requests


url = "http://www.baidussss.com"  # 不存在的网址
data = requests.get(url)
print(data.text)
```

这里模拟可能会错误抓取 url 地址然后照常请求的真实情况，故意请求一个不存在的网页，试试看会发生什么？经测试，发现如下报错（截取部分）。

```
socket.gaierror: [Errno -2] Name or service not known During handling of the
above exception, another exception occurred: ... ...
requests.exceptions.ConnectionError: HTTPConnectionPool(host='www.baidusss
s.com', port=80): Max retries exceeded with url: / (Caused by NewConnectionE
rror('
<requests.packages.urllib3.connection.httpconnection object="" at="" 0x7f43
3939a128="">: Failed to establish a new connection: [Errno -2] Name or servi
ce not known',))</requests.packages.urllib3.connection.httpconnection>
Process finished with exit code 1
```

注意：在 PyCharm 下测试，程序运行完毕会显示 exit code 状态码。一般情况下，exit code 为 0，为正常退出；其余状态码，为异常退出。

可以看到，输出一大段报错，并且程序异常终止。试想，这里只是单独请求这个网址，有错误可以立即更改，但是在一次请求多个网页时，例如 1000 个，如果当中有一个网址错了，那么整个程序就会终止，造成其他大部分正常网页都无法完成请求，这就有些得不偿失了！

以下面这段代码为例。

```
import requests

urls = ["http://www.baidussss.com", "http://news.baidu.com/", "http://datah
onor.com/404",
"http://httpstat.us/500"]

def get_data(url):
    data = requests.get(url)
    return data.text

if __name__=='__main__':
```

```
    for url in urls:
        get_data(url)
```

因为第一个网址就错了，所以程序立即终止，根本没有请求其他网址；当错误网址在最后的时候，即使前面的 3 个网址已经完成请求，也会因为错误网址的存在而异常退出，不能完成任务。那么怎样处理这样的情况呢？答案就是异常处理机制。下面是改进后的代码。

```
import requests

urls = ["http://www.baidussss.com", "http://news.baidu.com/", "http://datah
onor.com/404","http://httpstat.us/500"]

def get_data(url):
    try:
        data = requests.get(url)
    except requests.exceptions.ConnectionError as e:
        print("请求错误, url:", url)
        print("错误详情:", e)
        data = None
    return data

if __name__=='__main__':
   for url in urls:
      get_data(url)
```

运行输出如下。

```
请求错误，url: http://www.baidussss.com 错误详情: HTTPConnectionPool(host='www.
baidussss.com', port=80): Max retries exceeded with url: / (Caused by NewCon
nectionError('
<requests.packages.urllib3.connection.httpconnection object="" at="" 0x7f21
b0b83240="">: Failed to establish a new connection: [Errno -2] Name or servi
ce not known',))
</requests.packages.urllib3.connection.httpconnection>
```

```
Process finished with exit code 0
```

经过测试就可以看到，输出已经变为正常打印的颜色，而不是警示的颜色。并且 exit code 显示为 0，表示已经正常退出。

下面来看下新增代码的含义。

```
try:
    data = requests.get(url)
except requests.exceptions.ConnectionError as e:
    print("请求错误, url:", url)
    print("错误详情:", e)
    data = None
```

`try`，在这里也是尝试的意思，先尝试执行 `data = requests.get(url)`，若成功则跳过 except 继续执行程序，否则在出现预期的错误时，执行 `except` 里面包含的程序。这样就避免了因为个别网页的请求错误导致整个程序崩溃。注意一点，这里的 `requests.exceptions.ConnectionError` 是在调试程序的时候发现的（看最开始的那段报错可以发现），所以“预期”此错误会发生，故将其加入异常处理。

细心的读者可能发现，如果错误类型有很多该怎么办呢？先通过改编自官方文档的例子来看下异常处理的完整表达。

```
In [30]: def divide(x, y):
    ...:     try:
    ...:         result = x / y
    ...:     except ZeroDivisionError:
    ...:         print("division by zero!")
    ...:     except ValueError:
    ...:         print("Value Error")
    ...:     else:
    ...:         print("result is", result)
    ...:     finally:
    ...:         print("executing finally clause")
```

```
   ...:

In [31]: divide(2, 1)
result is 2.0
executing finally clause

In [32]: divide(2, 0)
division by zero!
executing finally clause

In [33]: divide(2, "1")
executing finally clause
---------------------------------------------------------------------------
TypeError                                 Traceback (most recent call last)
<ipython-input-33-6d5f6cf503db> in <module>()
----> 1 divide(2, "1")

<ipython-input-30-bee834e97989> in divide(x, y)
      1 def divide(x, y):
      2     try:
----> 3         result = x / y
      4     except ZeroDivisionError:
      5         print("division by zero!")

TypeError: unsupported operand type(s) for /: 'int' and 'str'
```

下面进行简要说明。

- except

在 try 下面可以有多个 except 语句，用于捕捉不同的错误。注意在 except 后面不加具体的错误类型时，默认捕捉所有错误。

- else

try … except 语句可以带有一个 else 子句，该子句只能出现在所有

except 子句之后。当 try 语句没有抛出异常时，需要执行一些代码，可以使用这个子句。这里注意，使用 else 子句比在 try 子句中附加代码要好，因为这样可以避免 try ... except 意外截获本来不属于它们保护的那些代码抛出的异常。

- finally

可以看到，finally 语句内容在所有情况下都会被执行。一般用于释放文件或者网络等资源。

至此，已经基本了解了 Python 的异常处理机制。通过异常处理，我们可以对可能出现的错误进行一系列的操作，这样既能够了解错误情况，又能够使得程序继续运行。其实 try...except 这样的异常处理情况还只是狭义上的，广义上来说，任何未达到预期的情况都属于异常，下面具体谈谈广义的异常处理及其处理方式。

2．广义的异常处理

试想，如果请求遇到状态码 5××的服务器错误时，是得不到网页内容的，但是程序并不会报错，try...except 也就无从谈起。还有如果 url 列表里面有些网址需要很长时间的响应且一般不会请求成功，例如 http://www.google.com，那么程序就会卡在那里，需要很长时间的响应才会报错，这样就浪费了很多时间且得不到任何数据。这些都是值得我们考虑的。下面分别来讨论这两种情况。

（1）关于服务器错误 5××

这类状态码代表服务器在处理请求的过程中有错误或者异常状态发生，也有可能是服务器意识到以当前的软硬件资源无法完成对请求的处理。①

也就是说，在服务器状态码为 5xx 时，大部分情况下不是我们的请求出了问题，而是网站服务器出了问题。这种情况在浏览网页时偶尔也

① 参考维基百科：https://zh.wikipedia.org/wiki/HTTP%E7%8A%B6%E6%80%81%E7%A0%81。

会遇到，一般等待一下再刷新网页即可。那么，同样的道理，我们也用代码模仿这个等待和刷新的过程就可以了。

看下改进的代码。

```
import time
import requests

urls = ["http://httpstat.us/500"]

def get_data(url, num_retries=3):
    try:
        data = requests.get(url)
        print(data.status_code)
    except requests.exceptions.ConnectionError as e:
        print("请求错误, url:", url)
        print("错误详情:", e)
        data = None

    if (data != None) and (500 <= data.status_code<600):
        if (num_retries > 0):
           print("服务器错误，正在重试...")
           time.sleep(1)
           num_retries -= 1
           get_data(url, num_retries)

    return data

if __name__=='__main__':
    for url in urls:
       get_data(url)
```

观察如下输出.

```
500 服务器错误，正在重试… 500 服务器错误，正在重试… 500 服务器错误，正在重试… 500
```

```
Process finished with exit code 0
```

下面进行简要说明。

- http://httpstat.us/500

  此网址返回 500 错误码。

- num_retries

  get_data 函数的参数，默认值为 3，表示重新请求的次数，也作为请求次数的计数器。

- data.status_code

  data 是 requests 的 get 方法返回的 response，可以通过 status_code 查看请求的状态码。

- get_data(url, num_retries)

  这里用到了递归函数，初学者理解起来可能比较困难，读者可以查看本书第 1 章对递归函数的简单介绍来尝试理解。其实，这里总结起来就是一句话，如果没有达到最大重试的次数 num_retries 且状态码一直是 5xx，那么就重新调用 get_data 函数发起请求。

（2）关于请求超时

读者可以自行尝试用上面的 get_data 函数请求 `http://www.google.com`，看下需要多久才会被异常处理机制捕捉到。笔者本地测试是需要约两分钟。设置请求超时的目的就是节省这两分钟。一般情况下，视网速情况在 requests 的 get 方法中设置 timeout 参数的值。超出这个 timeout 值（单位为秒），就会直接抛出超时异常，然后被异常处理机制捕捉到。

目前的网页下载函数如下。

```
def get_data(url, num_retries=3):
    try:
```

```
        data = requests.get(url, timeout=5)
        print(data.status_code)
    except requests.exceptions.ConnectionError as e:
        print("请求错误, url:", url)
        print("错误详情:", e)
        data = None
    except: # other error
        print("未知错误, url:", url)
        data = None

    if (data != None) and (500 <= data.status_code < 600):
        if (num_retries > 0):
            print("服务器错误，正在重试...")
            time.sleep(1)
            num_retries -= 1
            get_data(url, num_retries)

    return data
```

注意，这里返回的是 response 对象或者为 None，下一步具体操作如下。

```
data = get_data(url)
if data != None:
    htmltext = data.text  # 获取文本内容时
    htmlcontent = data.content   # 获取图片数据时
```

2.3.2 robots.txt

作为一名合格的互联网公民，我们应当自觉遵循网站的 robots.txt 来进行数据的获取。Python 提供了专门的库来解析它。先看一下 robots.txt 的格式（截取部分 https://www.baidu.com/robots.txt）

```
User-agent: Baiduspider Disallow: /baidu Disallow: /s? Disallow: /ulink? Dis
allow: /link?
User-agent: Googlebot Disallow: /baidu Disallow: /s? Disallow: /shifen/ Disa
```

```
llow: /homepage/ Disallow: /cpro Disallow: /ulink?
```

示例代码如下。

```
In [71]: import urllib.robotparser


In [72]: rp = urllib.robotparser.RobotFileParser()


In [73]: rp.set_url('https://www.baidu.com/robots.txt')


In [74]: rp.read()


In [75]: rp.can_fetch('Googlebot', 'https://www.baidu.com/baidu')
Out[75]: False


In [76]: rp.can_fetch('Baiduspider', 'https://www.baidu.com/cpro')
Out[76]: True
```

下面进行简要说明。

- set_url

  参数为 robot.txt 文件的网址。

- can_fetch

  第一个参数为 UA，第二个参数为要检验的网址。返回布尔值，代表 robots.txt 是否允许此 UA 访问此网址。

据此，要想让爬虫自动遵守 robot.txt，代码格式如下。

```
def robot_check(robotstxt_url, headers, url):
    rp = urllib.robotparser.RobotFileParser()
    rp.set_url(robotstxt_url)
    rp.read()
    result = rp.can_fetch(headers['User-Agent'], url)

    return result
```

```
for url in urls:
    if robot_check(robotstxt_url, headers, url):
        data = get_data(url)
```

注意：在 Python 2 中，robotparser 是一个单独的库，在 Python 3 中则被加进 urllib。

2.3.3 动态 UA

有的时候，将 UA 设置为自己浏览器的 UA，也会造成访问问题。对于这种情况，就要介绍 fake_useragent 库了。先看一段示例代码。

```
In [93]: from fake_useragent import UserAgent

In [94]: ua = fake_useragent.UserAgent()

In [95]: ua.chrome
Out[95]: 'Mozilla/5.0 (Windows NT 6.2; WOW64) AppleWebKit/537.14 (K
HTML, like Gecko) Chrome/24.0.1292.0 Safari/537.14'

In [96]: ua.ie
Out[96]: 'Mozilla/5.0 (compatible; MSIE 9.0; Windows NT 6.1; WOW64; Trident/
5.0; SLCC2;   .NET CLR 2.0.50727; .NET CLR 3.5.30729; .NET CLR 3.0.30729;
Media Center PC 6.0; Zune 4.0; InfoPath.3;
  MS-RTC LM 8; .NET4.0C; .NET4.0E)'

In [97]: ua.random
Out[97]: 'Mozilla/5.0 (compatible; MSIE 9.0; Windows NT 6.1; Win64; x64;
Trident/5.0;   .NET CLR 3.5.30729; .NET CLR 3.0.30729; .NET CLR 2.0.50727;
Media Center PC 6.0)'
```

从代码中可以清楚地看到，其该库可以方便地获取多种浏览器的 UA。具体使用的时候，直接加到 headers 字典里面就可以了。

2.3.4 代理 IP

requests 库提供了很方便的方法来使用代理 IP，而且比 Python 自带的设置代理的方法容易理解，这也是本书一开始就介绍 requests 库而不是 urllib 库的原因。

```
import requests

proxies = {
   "http": "125.88.74.122:84",
   "http": "123.84.13.240:8118",
   "https": "94.240.33.242:3128"
}

data = requests.get("http://icanhazip.com", proxies=proxies)
print(data.text)
```

运行输出如下。

```
123.84.13.240
```

可以看到，只需要将代理 IP 放到字典里面，再将此字典添加到 requests.get 的参数 proxies 即可。请求网址会返回发起请求时的 IP。

注意：这里测试用的代理 ID 是从网上随便找的，一般不太稳定，读者测试的时候很可能无法使用。若要验证代码，大家可以暂时从网上找免费的代理测试。若是需要性能稳定的代理 IP，一般需要找代理商购买。

2.3.5 编码检测

在写爬虫的时候，经常遇到各种网页，而编码问题经常令开发者头痛。因为有些网页的源码虽然表明了编码方式，但是不够准确。尤其是在请求多个来源不一致的网址时，更为麻烦。这里介绍 chardet 库，用它结合 requests 便可以解决绝大多数编码问题。

先看一段示例代码。

```
In [109]: import requests

In [110]: data = requests.get('http://www.baidu.com')

In [111]: print(data.text)
```

运行输出如图 2-7 所示（截取部分）。

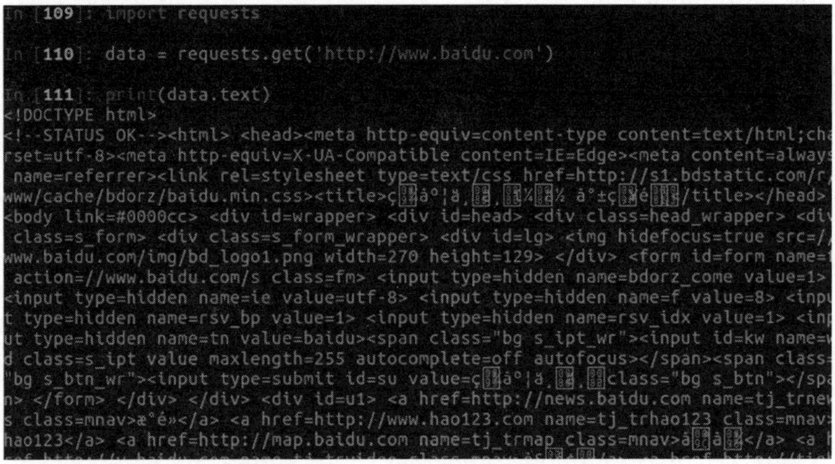

```
In [109]: import requests

In [110]: data = requests.get('http://www.baidu.com')

In [111]: print(data.text)
<!DOCTYPE html>
<!--STATUS OK--><html> <head><meta http-equiv=content-type content=text/html;cha
rset=utf-8><meta http-equiv=X-UA-Compatible content=IE=Edge><meta content=always
 name=referrer><link rel=stylesheet type=text/css href=http://s1.bdstatic.com/r/
www/cache/bdorz/baidu.min.css><title>çá°¦ä¸.¸.½½ å°±çé/title></head>
<body link=#0000cc> <div id=wrapper> <div id=head> <div class=head_wrapper> <div
 class=s_form> <div class=s_form_wrapper> <div id=lg> <img hidefocus=true src=//
www.baidu.com/img/bd_logo1.png width=270 height=129> </div> <form id=form name=f
 action=//www.baidu.com/s class=fm> <input type=hidden name=bdorz_come value=1>
<input type=hidden name=ie value=utf-8> <input type=hidden name=f value=8> <inpu
t type=hidden name=rsv_bp value=1> <input type=hidden name=rsv_idx value=1> <inp
ut type=hidden name=tn value=baidu><span class="bg s_ipt_wr"><input id=kw name=w
d class=s_ipt value maxlength=255 autocomplete=off autofocus></span><span class=
"bg s_btn_wr"><input type=submit id=su value=çá°¦ä¸.¸.class="bg s_btn"></spa
n> </form> </div> </div> <div id=u1> <a href=http://news.baidu.com name=tj_trnew
s class=mnav>æ°é»</a> <a href=http://www.hao123.com name=tj_trhao123 class=mnav>
hao123</a> <a href=http://map.baidu.com name=tj_trmap class=mnav>åå</a> <a h
```

图 2-7

可以看到明显乱码，下面使用 chardet 进行改进。

```
import chardet

data = requests.get('http://www.baidu.com')

charset = chardet.detect(data.content)  # 检测编码
print(charset)
data.encoding = charset['encoding']  # 指定编码
print(data.text)
```

运行输出如图 2-8 所示（截取部分）。

```
{'encoding': 'utf-8', 'confidence': 0.99}
<!DOCTYPE html>
<!--STATUS OK--><html> <head><meta http-equiv=content-type content=text/html;cha
rset=utf-8><meta http-equiv=X-UA-Compatible content=IE=Edge><meta content=always
 name=referrer><link rel=stylesheet type=text/css href=http://s1.bdstatic.com/r/
www/cache/bdorz/baidu.min.css><title>百度一下，你就知道</title></head> <body lin
k=#0000cc> <div id=wrapper> <div id=head> <div class=head_wrapper> <div class=s_
form> <div class=s_form_wrapper> <div id=lg> <img hidefocus=true src=//www.baidu
.com/img/bd_logo1.png width=270 height=129> </div> <form id=form name=f action=/
/www.baidu.com/s class=fm> <input type=hidden name=bdorz_come value=1> <input ty
pe=hidden name=ie value=utf-8> <input type=hidden name=f value=8> <input type=hi
dden name=rsv_bp value=1> <input type=hidden name=rsv_idx value=1> <input type=h
idden name=tn value=baidu><span class="bg s_ipt_wr"><input id=kw name=wd class=s
_ipt value maxlength=255 autocomplete=off autofocus></span><span class="bg s_btn
_wr"><input type=submit id=su value=百度一下 class="bg s_btn"></span> </form> </
div> </div> <div id=u1> <a href=http://news.baidu.com name=tj_trnews class=mnav>
新闻</a> <a href=http://www.hao123.com name=tj_trhao123 class=mnav>hao123</a> <a
 href=http://map.baidu.com name=tj_trmap class=mnav>地图</a> <a href=http://v.ba
idu.com name=tj_trvideo class=mnav>视频</a> <a href=http://tieba.baidu.com name=
tj_trtieba class=mnav>贴吧</a> <noscript> <a href=http://www.baidu.com/bdorz/log
in.gif?login&amp;tpl=mn&amp;u=http%3A%2F%2Fwww.baidu.com%2f%3fbdorz_come%3d1 nam
```

图 2-8

可以看到这里已经成功输出中文。注意 chardet.detect 的返回值为一个字典类型。字典包含两个键，分别是检测到的编码方式（encoding）和本页检测的可信度（confidence）。所以这里可以解释为检测到的编码方式为 UTF-8，可信度为 99%。

2.3.6 正则表达式入门

正则表达式（regular expression）也是一个功能强大的工具，是提取数据时经常使用的方法，其解析网页的速度比之前介绍的 BeautifulSoup 库要快得多，要掌握它的难度也较大。Python 提供了相关的库，即 re。这里介绍其在解析网页、提取网页数据方面的应用。

先看下面这段代码，用于提取百度首页中与百度相关的链接及名称。

```
import re
import requests
from fake_useragent import UserAgent

ua = UserAgent()
headers = {'User-Agent': ua.random}
# headers = {}
html = requests.get('https://www.baidu.com/', headers=headers)
html.encoding = 'utf-8'
```

```
html = html.text
# print(html)
titles = re.findall(r'<a href="(http://.*?.com)" name="tj_tr.*?" class="mna
v">(\w{2})</a>', html)
print(titles)
```

运行输出如下。

```
[('http://news.baidu.com', '新闻'), ('http://www.hao123.com', '地图'), ('htt
p://v.baidu.com', '视频'), ('http://tieba.baidu.com', '贴吧'), ('http://xues
hu.baidu.com', '学术')]
```

关于请求部分的代码，相信读者已经掌握。但是细心的读者可能已经看到上述代码中的两行看似无用的注释，其实那是在调试代码的时候用到的，因为不加 headers 进行请求得到的内容和在浏览器看到的内容是有差别的。例如这里不加 headers，要提取的部分有一段源码为：`<a href=http://news.baidu.com name=tj_trnews class=mnav>新闻</a>`，而加上 headers 伪装后，返回的源码变为`<a href="http://news.baidu.com" name="tj_trnews" class="mnav">新闻</a>`，虽然只是引号的差别，但是这里如果按照浏览器看到的内容写正则表达式，则不会提取出想要的内容。

注意：有时候，程序获取的 html 内容可能和浏览器看到的并不一致。具体讲，这里浏览器检查元素看到的内容和网页源码（一般按快捷键[Ctrl+U]查看源码）是一致的，但是代码获取的内容却不一致，这可能是请求头的问题，可以尝试修改请求头进行再次获取。所以这提醒我们要在解析网页前先打印网页内容，查看是否一致，否则可能出现无法匹配数据的问题。实际上还有另一种类似的情况，那就是虽然程序返回的内容和网页源码一致，但是在检查元素时看到的内容并没有在源码中看到，例如一些网站的商品价格，这就是动态加载的问题，处理起来稍微复杂一点。

下面对正则表达式的部分进行简单的解释说明。没接触过正则表达式的读者

可能对这么长的一串字母感到无力，那我们就分解开来进行说明。

- findall

  这里为 findall 提供两个参数，第一个是正则表达式，第二个是待检索的字符串，除此之外还有一个已有默认值的 flag 参数用于指定匹配的模式。所以 findall 根据正则表达式在字符串里面找到所有满足条件的字符串，并将所有的结果储存到列表中，之后返回此列表。

- 两个括号

  在正则表达式中为一些字符加上括号，表示想要提取的数据就是括号里面的内容，也就是 findall 返回的内容。多个括号可以一次提取多个数据，以元组的形式放在一起。

- 开头的字母 r

  这里的 r 是为了避免转义。所谓转义，简单讲就是通过在特定字符前加上转义符 `\` 使得原字符拥有新的含义，例如 `\n` 的含义就是另起一行。而 r 的含义就是，不把此处的 `\` 视为转义符，而是当作正常的字符。可以通过下面例子理解 `r` 的含义

```
In [50]: string = 'hello\nworld'
In [51]: stringr = r'hello\nworld'
In [52]: print(string)
hello
world
In [53]: print(stringr)
hello\nworld
```

该字母在正则化表达式中的使用示例如下。

```
In [64]: string = 'hello\\data\\world'
In [65]: re.findall('\\\\(\w+)\\\\', string)
Out[65]: ['data']
In [66]: re.findall(r'\\(\w+)\\', string)
```

```
Out[66]: ['data']
```

可以看到，使用 `r` 可以免去烦琐的转义操作，直接提取 `data`，且十分直观。

- .*?

首先，`.` 在一般情况下表示匹配除换行符以外的任意字符，当 findall 中的 flag 指定为 `re.DOTALL` 时，其可以匹配所有字符，包括换行符。第二，`*` 表示匹配任意个数的字符，包括 0 个。第三，`?` 表示开启非贪婪匹配模式，所谓非贪婪就是尽可能匹配短的字符串，可以通过以下示例代码更加直观地理解。

```
In [70]: string = 'hello world hello world'
In [71]: re.findall('he.*?world', string)
Out[71]: ['hello world', 'hello world']

In [72]: re.findall('he.*world', string)
Out[72]: ['hello world hello world']
```

- \w

匹配 Unicode 字符，一般包括大写字母、小写字母、数字和下画线。

- {2}

表示同时出现两次前面的字符才能匹配，可以通过下面的示例代码加深理解。

```
In [73]: string = 'hello'
In [74]: re.findall('l{2}', string)
Out[74]: ['ll']
```

要注意的是，虽然通过正则表达式解析网页的效率是很高的，但是在网页更新时，因其精确匹配的特性，可能需要重新修改正则表达式，就像有或没有 headers 的请求，差一个引号都是不能容忍的。这就造成了正则表达式提取数据的稳定性较差的问题。

注意：目前介绍了两种解析网页的工具：BeautifulSoup 和正则表达式。前者使用方法简单，且稳定性较强，但是解析速度较慢；后者解析速度快，匹配精确，但是使用方法较为复杂，稳定性较差。

这里仅介绍了一个关于正则表达式的案例，目的是让读者明白使用正则表达式提取数据的流程。当然，其核心还是正则表达式的书写，这不是一件简单的事情，想深入学习的同学可参考 Python 官方文档对 re 模块的介绍。在本书最后第 5 章也将用到正则表达式来提取 QQ 群的聊天信息，读者可参照学习。

综合以上的讲解，下面做个小结，将这些内容整合到爬虫里面（暂时未加入 robots.txt 验证）。

```
import re
import time
import chardet
import requests
import urllib.robotparser
from fake_useragent import UserAgent

# 获取 headers
def get_headers():
    ua = UserAgent()
    user_agent = ua.random
    headers = {'User-Agent': user_agent}
    return headers

# 这里获取代理 IP 的函数直接给出了 proxies,
# 我们也可以用此函数去爬取免费的代理 IP，因为不是重点，这里不再赘述
def get_proxies():
    proxies = {
        "http": "125.88.74.122:84",
        "http": "123.84.13.240:8118",
        "https": "94.240.33.242:3128"
```

```
    }

    return proxies

# robots.txt 检测
def robot_check(robotstxt_url, headers, url):
    rp = urllib.robotparser.RobotFileParser()
    rp.set_url(robotstxt_url)
    rp.read()
    result = rp.can_fetch(headers['User-Agent'], url)
    return result

# 获取网页数据，这里没有返回 data.text,
# 因为抓取图片图片时返回的应该是 data.content
def get_data(url, num_retries=3, proxies=None):
    try:
        data = requests.get(url, timeout=5, headers=headers)
        print(data.status_code)
    except requests.exceptions.ConnectionError as e:
        print("请求错误, url:", url)
        print("错误详情:", e)
        data = None
    except: # other error
        print("未知错误, url:", url)
        data = None

    if (data != None) and (500 <= data.status_code < 600):
        if (num_retries > 0):
            print("服务器错误，正在重试...")
            time.sleep(1)
            num_retries -= 1
            get_data(url, num_retries, proxies=proxies)
    return data
```

```
# 对网页内容进行解析，提取和存储等操作
def parse_data(data):
    if data == None:
        return None
    charset = chardet.detect(data.content)
    data.encoding = charset['encoding']
    html_text = data.text
    '''
    对网页数据进行解析提取等操作,假设这里要获取网页的title
    '''
    interesting_data = re.findall('<title>(.*?)</title>', html_text)
    return interesting_data

if __name__ == '__main__':
    headers = get_headers()
    proxies = get_proxies()
    data = get_data("http://www.baidu.com", num_retries=3, proxies=proxies)
    interesting_data = parse_data(data)
    print(interesting_data)
```

运行输出如下

```
200 ['百度一下，你就知道']
```

至此，爬虫添加了异常处理、编码检测、服务器错误重新连接、动态 UA 和使用代理 IP 的功能，已经具备了很强的鲁棒性。在实际开发过程中，这些功能基本上能满足大多数要求。一般情况下，不会用到所有的功能，具体还要看自己的需求和网站特性。

2.3.7 模拟登录

有些时候需要登录帐号之后才能看到一些数据，所以要想抓取这些数据，就必须先登录。而浏览器主要通过 cookie 的方式来检验用户的登录状态。有些时候，可以直接通过从浏览器复制 cookie 到 headers 来进行模拟登录。

看下面一段代码。

```
import requests
from fake_useragent import UserAgent

mycookie_fromcopy = ''  # 这里填上从浏览器复制而来的 cookie 信息

ua = UserAgent()
headers = {'User-Agent': ua.random,
           'Cookie': mycookie_fromcopy}
# 这里是登录之后才能访问到的个人信息页面，读者测试的时候可以改为自己信息页面的网址
url = "https://www.douban.com/people/146448257/"
data = requests.get(url, headers=headers)

print(data.status_code)
print(data.request.headers)
print(data.text)
```

cookie 的获取方式和之前的 headers 中 UA 的获取方式是一样的，如图 2-9 所示。

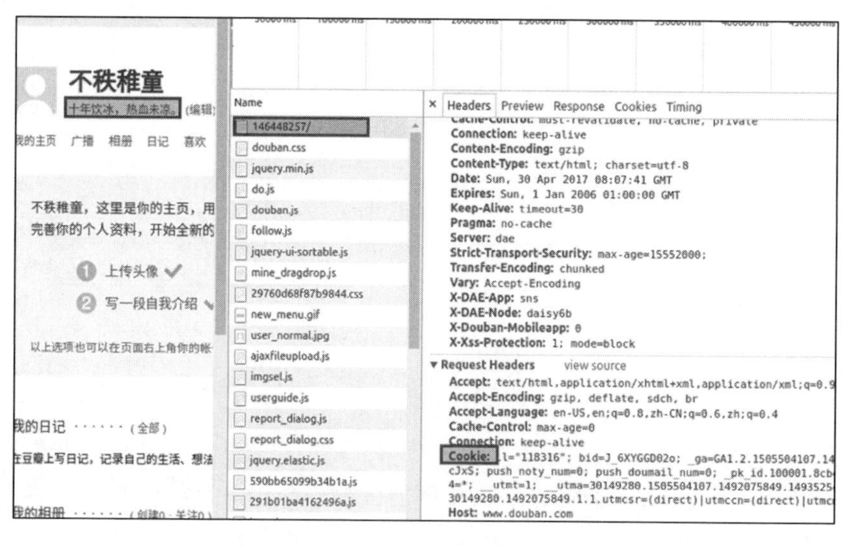

图 2-9

这里通过这种简单的办法就可以达到登录的目的，这时候在打印的内容中搜索，可以发现自己的用户名已经打印出来了（这里记得将请求地址改为自己个人信息的地址，这样才能得出自己的用户名）。但是，cookie 是有一定的有效期的，过一段时间就会失效，每次都手动获取的话就会比较麻烦。所以下面介绍通过表单模拟登录。

首先分析豆瓣的登录界面。如果没有在短时间重复登录多次，一般是不会要验证码的，只需要帐号和密码便可以登录。这里选中 network，清空原来的请求，登录并开始抓包。可以看到，第一个请求就是 login 的请求，选中此请求，查看请求信息。注意其方式为 post，最后会有一段 Form Data，这里可以看到类似以下结构的信息：

```
source:None redir:https://www.douban.com/people/146448257/ form _email: 你的邮箱 form_password: 你的密码 login:登录
```

这就是我们经常说的表单数据了，只需要将其提交给服务器即可通过认证成功登录，之后带着登录后的 cookie 就可以进行数据获取和存储等操作了。这里主要用到的就是 requests 的 post 方法。

下面看一段完整的程序。注意，之前的程序因为网页变动已经失效，现在给出的是最新测试通过的代码。更多关于此问题的讨论见本书的 Github 项目地址。[1]

```
import requests
import pickle
from bs4 import BeautifulSoup

# 提交表单登录并获取 cookie
def get_cookie_from_net():
    url = "https://accounts.douban.com/j/mobile/login/basic"
    # 构建表单
    payload = {
            "ck": "",
            "name": "your email",
```

1 https://github.com/shenxiangzhuang/PythonDataAnalysis

```
            "password": "your password",
            "remember": "true",
            "ticket": ""
        }

    data = s.post(url, headers=headers, data=payload).json()
    # 检测登录是否成功
    if data["status"] == "success":
        print("登陆成功!")

    with open('cookies.douban', 'wb') as f:
        cookiedict = requests.utils.dict_from_cookiejar(s.cookies)
        pickle.dump(cookiedict, f)
    print("成功获取 cookies!")

    return s.cookies

# 从 cookie 文件获取 cookie
def get_cookie_from_file():
    with open('cookies.douban', 'rb') as f:
        cookiedict = pickle.load(f)
        cookies = requests.utils.cookiejar_from_dict(cookiedict)
    print("解析文件，成功提取 cookis...")
    return cookies

# 假设这里我要获取自己的签名数据
def getdata(html):
    soup = BeautifulSoup(html.text, 'lxml')
    mydata = soup.select('#display')[0].get_text()
    '''
    这里进行登录后其他数据的获取及存储，这里仅仅获取了自己的签名数据。
    '''
    return mydata

def login_and_getdata():
    print('获取 cookis...')
    try:
```

```
        s.cookies = get_cookie_from_file()
    except:
        print("从文件获取 cookies 失败...\n 正在尝试提交表单登录以获取...")
        s.cookies = get_cookie_from_net()

    html = s.get('https://www.douban.com/people/146448257/', headers=headers)
    # print(html.text)
    data = getdata(html)
    print(data)

if __name__ == '__main__':
    # 一些全局变量
    s = requests.session()
    # 这里务必更换
    headers = {"User-Agent": "Mozilla/5.0 (Windows NT 6.1; WOW64)
AppleWebKit/536.6 (KHTML, like Gecko) Chrome/20.0.1092.0 Safari/536.6"}
    # 登录并获取数据
    login_and_getdata()
```

这个过程中，首先通过表单登录，获取 cookie；然后将其保存到文件；之后直接从文件获取 cookie，传给 session 对象 s；最后进行后续的数据（这里以签名为例）获取等操作。

下面进行简要说明。

- session

session 即为会话，官方文档对会话的说明是：会话对象能够跨请求保持某些参数。它也会在同一个 session 实例发出的所有请求之间保持 cookie，期间使用 urllib3 的 connection pooling 功能。所以如果向同一主机发送多个请求，底层的 TCP 连接将会被重用，从而显著提升性能。这里就是用其来保存 cookie。可以通过下面这段代码加深理解。

```
s = requests.Session()
s.get('http://httpbin.org/cookies/set/sessioncookie/123456789')
r = s.get("http://httpbin.org/cookies")
```

```
print(r.text)
```

运行输出如下。

```
'{"cookies": {"sessioncookie": "123456789"}}'
```

- pickle

这里仅仅用到 pickle 的 dump 和 load 进行 cookie 文件的操作，其类似于 json 库的 load 和 dump，这里仅理解如何使用即可。下面将介绍在数据的存储中使用 json 库，在了解 json 库的使用方式之后读者可以尝试阅读官方文档进一步了解 pickle。

2.3.8 验证码问题

这样模拟登录就可以了吗？答案是否定的，细心的读者可能之前已经产生疑惑，如果出现验证码怎么办？有的网站多次重复登录才会刷出验证码，但是也有些网站一开始就需要验证码。所以，验证码的问题是无法避免的。大体上讲，解决验证码问题有三种办法。

第一种就是提取验证码的地址，下载验证码到本地，手动输入后再 post 登录。这种方式需要人工参与，稍微有些烦琐。第二种是通过一些验证码识别的库，如 pytesser，进行识别。但是遇到稍微复杂的验证码，识别率就会很低。最后一种就是云打码平台了，优点自然不用说，识别率高，不需要自己参与，缺点当然是收费，但好在费用不算太高。接下来分别介绍。

1. 手动输入

首先，有了验证码之后，postdata 的内容肯定会发生变化，在有验证码的情况下抓包，看表单内容的变化。

发现格式类似以下内容。

```
source:None redir:https://www.douban.com/people/146448257/ form _email: 你的邮箱 form_password: 你的密码 captcha-solution:certain captcha-id:zTfJTI1TKm7yubGV3Q84DCue:en login:登录
```

captcha-solution 后面的 certain 是笔者在登录的时候输入的验证码。那么这个 captcha-id 是什么？其实这相当于和验证码一起的一个双重验证。验证码和此 id 均可以在登录页面进行获取。

看下面一段代码。

```
import re
import pickle
import requests
from PIL import Image
from fake_useragent import UserAgent
from bs4 import BeautifulSoup

# 提交表单登录并获取 cookie
def get_cookie_from_net():

    # 获取验证码
    url = 'https://accounts.douban.com/login'
    login_html = s.get(url, headers=headers).text
    verif_img_url = re.findall(r'<img id="captcha_image" src="(.*?)" alt="captcha"', login_html)[0]
    verif_img_data = s.get(verif_img_url, headers=headers).content
    with open('douban.jpg', 'wb') as f:
        f.write(verif_img_data)

    # 手动输入验证码
    img = Image.open('douban.jpg')
    Image._show(img)
    captha_img = str(input("输入验证码: "))
    # 云打码自动获取
    # print("利用云打码获取识别验证码...")
    # captha_img = getcode_from_yundama()
    # 获取 captcha-id
    captha_id = re.findall(r'name="captcha-id" value="(.*?)"/>', login_html)[0]
    print('captcha_id: ', captha_id)
```

```
    # 构建表单
    payload = {'source': 'None',
               'redir': 'https://www.douban.com/',
               'form_email': '你的邮箱',
               'form_password': '你的密码',
               'captcha-solution': captha_img,
               'captcha-id': str(captha_id),
               'login': '登录'}
    print(payload)

    # 绕过了 SSL 验证
    data = s.post(url, headers=headers, data=payload, verify=True)
    with open('cookies.douban', 'wb') as f:
        cookiedict = requests.utils.dict_from_cookiejar(s.cookies)
        pickle.dump(cookiedict, f)
    print("提交表单登录，成功获取 cookies...")
    '''
    这里可以用用户名进一步验证是否登录成功
    '''
    if '你的用户名' in data.text:
        print("登录成功！")
    return s.cookies

# 从 cookie 文件获取 cookie
def get_cookie_from_file():
    with open('cookies.douban', 'rb') as f:
        cookiedict = pickle.load(f)
        cookies = requests.utils.cookiejar_from_dict(cookiedict)
    print("解析文件，成功提取 cookis...")
    return cookies

# 假设这里我要获取自己的签名数据
def getdata(html):
    soup = BeautifulSoup(html.text, 'lxml')
```

```
    mydata = soup.select('#display')[0].get_text()
    '''
    进行登录后其他数据的获取及存储，这里仅获取了自己的签名数据
    '''
    return mydata

def login_and_getdata():
    print('获取 cookis...')
    try:
        s.cookies = get_cookie_from_file()
    except:
        print("从文件获取 cookies 失败...\n 正在尝试提交表单登录以获取...")
        s.cookies = get_cookie_from_net()
    html = s.get('https://www.douban.com/people/146448257/', headers=headers)
    data = getdata(html)
    print(data)

if __name__=='__main__':
    # 一些全局变量
    s = requests.session()
    ua = UserAgent()
    headers = {'User-Agent': ua.random}

    # 登录并获取数据
    login_and_getdata()
```

运行输出如下。

```
获取 cookis... 从文件获取 cookies 失败... 正在尝试提交表单登录以获取... 输入验证码：chance captcha_id: KV457RbwDRZJMUycncI5byef:en {'source': 'None', 'redir': 'https://www. douban.com/', 'form_email': '你的邮箱', 'form_password': '你的密码', 'captcha-solution': 'chance', 'captcha-id': 'KV457RbwDRZJMUycncI5byef:en', 'login': '登录'} 提交表单登录，成功获取 cookies... 登录成功！ 十年饮冰，热血未凉。
```

这里处理验证的核心步骤就是验证码 url 的获取和新增 id 的获取，这里使用

了正则表达式进行抓取。获取验证码之后，保存到本地后，再自动弹出来，然后手动输入，提交表单。

2. pytesseract

可以用 pytesseract 进行简单的验证码识别。类似如图 2-10 和图 2-11 所示的验证码，识别率还是不错的。

1337　　WuPF

图 2-10 　　图 2-11

操作也十分简单，代码如下。

```
#!usr/bin/python
#encoding: utf-8

import pytesseract
from PIL import Image

image = Image.open('chars.png')
vcode = pytesseract.image_to_string(image)
Image._show(image)
print(vcode)
```

可以看到，字母被直接输出，如下所示。

```
WuPF
```

类似的数字验证码也可以很好地被识别，但是如果验证码再复杂一些的话，这个库的识别率就比较低了。

3. 云打码平台

打码平台有很多，这里选择其中一个来进行演示。一般打码平台都会提供开发文档，参照文档调用 API 即可。这里使用的是云打码，它提供的关于 Python 的文档大多是 Python2 的，虽说有 Python3 的接口，但是要在 Windows 系统下配置 DLL 文件才能使用。所以这里参考它的 Web 端的提交方式，模拟写这样一个接口，如下所示。

```
import json
import time
import requests

def getcode_from_yundama():

    captcha_username = '用户名'
    captcha_password = '密码'
    captcha_id = 1
    captcha_appkey = '22cc5376925e9387a23cf797cb9ba745'
    captcha_codetype = '3000'  # 不定长度、纯英文模式
    captcha_url = 'http://api.yundama.com/api.php?method=upload'
    captcha_result_url = 'http://api.yundama.com/api.php?cid{}&method=result'
    filename = 'douban.jpg'
    timeout = 30

    postdata = {'method': 'upload', 'username': captcha_username,
                'password': captcha_password, 'appid': captcha_id,
                'appkey': captcha_appkey, 'codetype': captcha_codetype,
                'timeout': timeout}

    fo = open(filename, 'rb')
    file = {'file': fo.read()}
    response = requests.post(captcha_url, postdata, files=file).text
    print(response)
    fo.close()

    response = json.loads(response)
    code = response['text']
    status = response['ret']
    if status == 0:
```

```
        print("识别成功! ")
        print('验证码为: ', code)

    return code
```

这里的核心就是 post 过程。当然这个函数很“粗糙”，因为很多参数，如 filename、codetype 等都是直接写上去的，读者可以根据需要使其动态赋值。当然，更好的方法就是封装成类，不过这里不封装也没有太大影响，为了便于初学者理解，就不再进行封装了。

这样，有了云打码的接口，回顾之前手动输入的方法。显然去除手工输入的部分，换成调用上面的函数就可以了，如下所示。

```
# 云打码自动获取
print("利用云打码获取识别验证码...")
captha_code = getcode_from_yundama()
if not captha_code:
    print('sleeping...')
    time.sleep(10)
    captha_code = getcode_from_yundama()
```

这里注意，可能因为网络延迟的问题或者云打码平台内部的其他原因，直接调用函数获取验证码不会得到结果。需要让程序 sleep 几秒后再重新调用一次，这样一般就能够获取正确的验证码了。当然，也有可能是我们之前写的接口不太完善，感兴趣的读者可以尝试对接口进行优化。

那么，还有最后一个问题，有的时候网站的登录需要验证码，有的时候却不需要，那该怎么办呢？相信很多读者已经想到用异常处理来解决。这里给出完整的程序。

注意：为了便于大家的测试，本书尽量每一步都提供完整的代码。但是由于代码过长，即使精心排版也很难做到较好的可读性，所以对于较长的代码建议大家从 Github 下载源码查看。本书代码全部托管在 Github，地址参见前言。

```
import re
import json
import time
import pickle
import requests
import urllib.request
from PIL import Image
from fake_useragent import UserAgent
from bs4 import BeautifulSoup
from yundama import getcode_from_yundama

# 提交表单登录并获取 cookie
def get_cookie_from_net():

    url = 'https://accounts.douban.com/login'
    login_html = s.get(url, headers=headers).text

    try:
        verif_img_url = re.findall(r'<img id="captcha_image" src="(.*?)" alt=
"captcha"', login_html)[0]
        verif_img_data = s.get(verif_img_url, headers=headers).content

        with open('douban.jpg', 'wb') as f:
            f.write(verif_img_data)

    except:
        captha_id = captha_code = None
    else:
        # 获取 captcha-id
        captha_id = re.findall(r'name="captcha-id" value="(.*?)"/>', login_ht
ml)[0]
        print('captcha_id: ', captha_id)

        # 云打码自动获取
```

```
    print("利用云打码获取识别验证码...")
    captha_code = getcode_from_yundama()
    if not captha_code:
        print('sleeping...')
        time.sleep(10)
        captha_code = getcode_from_yundama()

    # 手动输入验证码
    # img = Image.open('douban.jpg')
    # Image._show(img)
    # captha_img = str(input("输入验证码: "))

# 构建表单
if captha_id==None:
    payload = {'source': 'None',
               'redir': 'https://www.douban.com/',
               'form_email': '你的邮箱',
               'form_password': '你的密码',
               'login': '登录'}

else:
    payload = {'source': 'None',
               'redir': 'https://www.douban.com/',
               'form_email': '你的邮箱',
               'form_password': '你的密码',
               'captcha-solution': captha_code,
               'captcha-id': str(captha_id),
               'login': '登录'}
print(payload)

url = 'https://accounts.douban.com/login'
data = s.post(url, headers=headers, data=payload, verify=True) #绕过了 SSL
验证
with open('cookies.douban', 'wb') as f:
```

```
        cookiedict = requests.utils.dict_from_cookiejar(s.cookies)
        pickle.dump(cookiedict, f)
    print("提交表单登录，成功获取 cookies...")
    '''
    这里可以用用户名进一步验证是否登录成功
    '''
    if '你的用户名' in data.text:
        print("登录成功！")

    return s.cookies

# 从 cookie 文件获取 cookie
def get_cookie_from_file():
    with open('cookies.douban', 'rb') as f:
        cookiedict = pickle.load(f)
        cookies = requests.utils.cookiejar_from_dict(cookiedict)
    print("解析文件，成功提取 cookis...")
    return cookies

# 假设这里要获取自己的签名数据
def getdata(html):
    soup = BeautifulSoup(html.text, 'lxml')
    mydata = soup.select('#display')[0].get_text()
    '''
    这里进行登录后其他数据的获取及存储，这里仅仅获取了自己的签名数据。
    '''
    return mydata

def login_and_getdata():
    print('获取 cookis...')
    try:
        s.cookies = get_cookie_from_file()
    except:
        print("从文件获取 cookies 失败...\n 正在尝试提交表单登录以获取...")
```

```
        s.cookies = get_cookie_from_net()
    html = s.get('https://www.douban.com/people/146448257/', headers=headers)
    data = getdata(html)
    print(data)

if __name__=='__main__':
    # 一些全局变量
    s = requests.session()
    ua = UserAgent()
    headers = {'User-Agent': ua.random}

    # 登录并获取数据
    login_and_getdata()
```

之前的云打码的接口文件，就是这里开头调用的 yundama（也就是说，接口文件命名为 yundama.py），要保证 yundama.py 和上述完整代码文件在同一个文件夹下。

首次运行的结果和以下内容类似。

```
获取 cookis… 从文件获取 cookies 失败… 正在尝试提交表单登录以获取… captcha_id:
DKZNnutEHXi6y21YKTIPs0Yx:en 利用云打码获取识别验证码… {"ret":0,"cid":1400736610,
"text":""} 识别成功！验证码为： sleeping… {"ret":0,"cid":1400736744,"text":"STO
RY"} 识别成功！验证码为：STORY {'source': 'None', 'redir': 'https://www.douban.
com/', 'form_email':… 提交表单登录，成功获取 cookies… 登录成功！ 十年饮冰，热血未凉
```

因为已经保存了 cookie 文件，再次运行的时候就可以直接从文件中提取 cookie 进行登录，如下所示。

```
获取 cookis… 解析文件，成功提取 cookis… 十年饮冰，热血未凉。
```

2.3.9 动态加载内容的获取

一般来说，从网页中看到的信息都可以在网页的源码里找到，需要注意的是，通过程序模拟发送的请求，网站返回的内容是网页源码的内容，并不一定包含在

网页上看到的所有内容，而这些未被源码包含的内容就是动态加载的内容了。现在大部分的网站都应用了 JavaScript 动态加载的技术，所以深入研究动态网页数据的获取还是十分有必要的。

这里先简单介绍AJAX(Asynchronous JavaScript and XML),即异步 JavaScript 和 XML。传统网页允许用户在浏览器中填写表单，然后发送给网站服务器。网站服务器接受后，添加浏览器需要的内容，返回一个新的网页。在这个过程中，大量相同的数据被重复传输，既浪费服务器资源又使得浏览器内容刷新缓慢。而 AJAX 技术就是用于避免内容重复传输的。这里只需要直观理解该技术的大致原理即可。

接下来将介绍两种不同的方法来处理动态网页。第一种是对动态网页进行逆向工程，即直接请求包含目标数据的地址来获取信息，其难点在于包含数据文件地址的查找，优点是针对性较强、速度快。第二种方法就是使用 Selenium 直接操作网页进行数据的获取，缺点在于处理速度较慢，优点在于简单易用。接下来分别介绍这两种方法。

1. 直接请求

一些购物网站的价格往往是动态加载的。以某购物网站秒杀页面为例。网页上有很多价格，通过检查元素也能看到这些价格。那么按照之前的办法，直接下载网页，再解析获取数据可行吗？读者可以尝试下，看看会出现什么情况。答案是不可以的。这正是因为网页的源码里面没有这些数据，查看源码后，在源码页面搜索网页上任意一个价格，会发现并未找到。用程序获取的网页也不包含这些数据。

要想找到包含价格的文件，则需要进行简单的抓包。在 Network 一栏，先清空之前的一些请求，刷新页面。这时的任务就是在一堆新的请求里面，找到返回内容包含价格的请求。一般先选中右侧的 Preview，再进行逐一查找。当然，看到的很多加载图片的请求可以直接忽略的。很快便可以发现想要的内容，如图 2-12 所示。

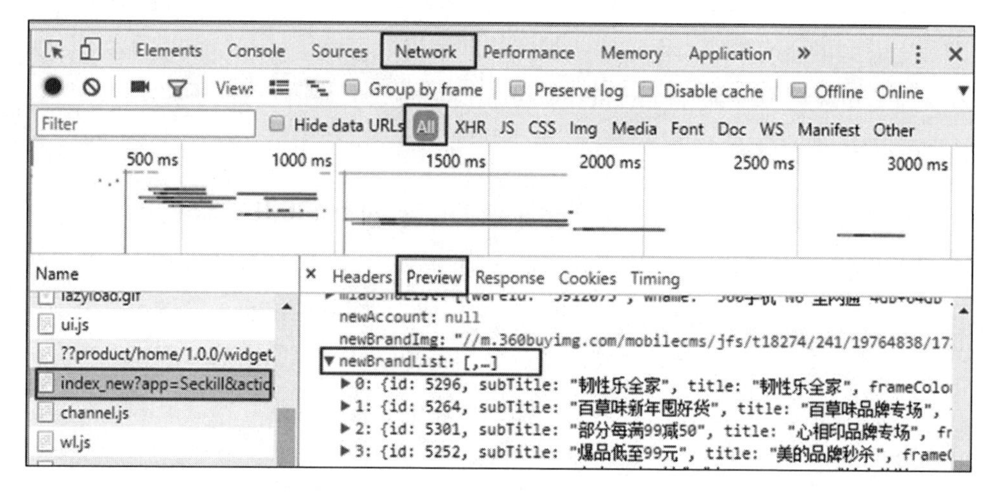

图 2-12

由于页面开始不是全部显示，继续下拉，网页还会加载出新的内容，同样地，可以获取如图 2-13 所示的内容。

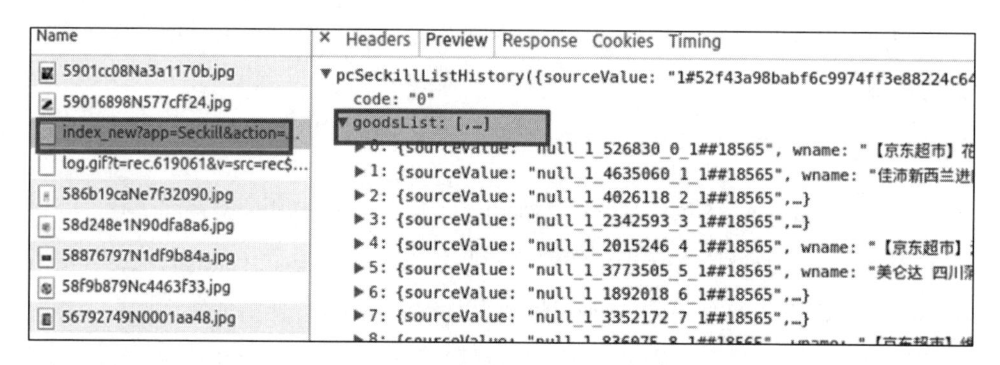

图 2-13

接下来查看请求头，如图 2-14 所示。

图 2-14

向对应的地址，模拟发送请求即可获得对应的数据，这就是对网页进行逆向工程的大致流程。

下面是一个简单的实现程序。

```
'''
JD 秒杀
https://miaosha.jd.com/
'''
```

```
import re
import json
import requests
from fake_useragent import UserAgent

# 为了更好地输出显示json文件
def printjson(data):
    json_str = json.dumps(data, indent=4, ensure_ascii=False)
    print(json_str)

# 获取网页数据
def getdata(json_url):
    ua = UserAgent()
    headers = {'User-Agent': ua.random}
    data = requests.get(json_url, headers=headers)
    # print(data.text)

    # 正则表达式开启贪婪匹配模式，匹配到最外层的{}，以包含所有内容
    re_data = re.findall('pcMiaoShaAreaList\(({.*})\)', data.text)[0]
    # 转化为json格式，方便处理
    json_data = json.loads(re_data)
    # printjson(json_data)

   # 观察到分为brandList和miaoshaList,我们以miaoshaList为例
   miaoShaList = json_data['miaoShaList']
   print(miaoShaList)
   print(len(miaoShaList))
   printjson(miaoShaList)

   if __name__=='__main__':
      json_url1 = 'https://ai.jd.com/index_new?app=Seckill&action=pc' \
             'MiaoShaAreaList&callback=pcMiaoShaAreaList&_=1493626377063'
      getdata(json_url1)
```

需要注意的一点是，这里得到的数据大部分是 JSON 格式的，相应地处理起来就使用 JSON 库。JSON 库的使用可参考本书第 3 章。以上代码用到了正则表达式的贪婪模式，很容易地就提出了想要的数据。这里用正则表达式多少带有个人的倾向，读者可以尝试用其他方法处理网页返回的内容和数据的截取，然后观察哪种方法比较简单高效。

2. Selenium

先通过一段代码初步认识 Selenium。

```
import time
from selenium import webdriver

def getdata(html):
    pass

def run():
     json_url1 = 'https://miaosha.jd.com/'  # 要打开的页面
     driver = webdriver.Firefox()  # 实例化 webdriver,选择 firefox 浏览器
     driver.get(json_url1)  #  打开网页
     time.sleep(5) # 等待 5s，使得网页加载完全

    html = driver.page_source  # 获取当前网页源码
    print(html)
    # 这里是对网页数据的解析和处理
    data = getdata(html)

    # 若程序异常中断,driver 不会自动释放
    # 所以实际使用时最好就上异常处理，保证 driver 的释放
    driver.quit()
    return data

if__name__=='__main__':
    run()
```

这里运行程序后，系统会自动启动 Firefox 浏览器并打开指定的网页。之后设置睡眠，等待网页加载完全。最后获取网页完整的源码进行数据的提取等操作并打印出完整的源码，这里省去了解析获取数据的过程。这时候，再次尝试从程序打印的内容中查找价格，会发现价格数据可以从源码里找到。

还有一点要注意，最后的 `driver.quit()` 用于关闭此 driver 打开的所有页面，而 `driver.close()` 用于关闭当前的网页。但是有时由于兼容性的问题，close 可能失效，这时候可以选择使用 quit 或者使用其他浏览器，这里没有太大影响，因为实际在 Selenium 开发爬虫时一般选择 PhantomJS，即无头浏览器。

通过上面的代码可以看出，使用 Selenium 无须抓包和查找，直接等待网页加载完毕即可。这只是 Selenium 强大功能的一部分，下面介绍其他一些常用功能。

来看以下这段代码。

```
import time
from selenium import webdriver
from selenium.webdriver.common.desired_capabilities import DesiredCapabilit
ies

def getdata(html):
    pass

def run():
    login_url = 'https://accounts.douban.com/login'  # 要打开的页面
    dcap = dict(DesiredCapabilities.PHANTOMJS)
    dcap["phantomjs.page.settings.userAgent"] = (
        "Mozilla/5.0 (X11; Ubuntu; Linux x86_64; rv:50.0) Gecko/20100101 Fire
fox/50.0")
    driver = webdriver.PhantomJS('/home/shensir/phantomjs-2.1.1-linux-x86_6
4/bin/phantomjs', desired_capabilities=dcap)
    driver.get(login_url)  #  打开网页
    time.sleep(5) # 等待 5s，使得网页加载完全
```

```
    # 获取登录页面的初始图片
    driver.get_screenshot_as_file('before-login.png')

    # html = driver.page_source  # 获取当前网页源码
    # print(html)

    # 填写帐号密码登录
    driver.find_element_by_xpath('//*[@id="email"]').send_keys('你的帐号')
    driver.find_element_by_xpath('//*[@id="password"]').send_keys('你的密码
')

    time.sleep(3)
    # 获取填写信息后的页面
    driver.get_screenshot_as_file('after-insert.png')

    # 点击登录
    driver.find_element_by_xpath('//*[@id="lzform"]/div[6]/input').click()
    # 查看登录后的界面
    time.sleep(3)
    driver.get_screenshot_as_file('after-login.png')

    '''
    进行一些登录后的操作
    html = driver.get('http://...')
    getdata(html)
    '''

    # 若程序异常中断,driver 不会自动释放
    # 所以实际使用时最好就上异常处理，保证 driver 的释放
    driver.quit()

if __name__=='__main__':
    run()
```

首先，这里用到了 PhantomJS，即无头浏览器。所谓无头浏览器，简单理解就是它和其他浏览器一样发出请求，但是不会像常见的浏览器那样显式地打开页面并弹出来。其在 Linux 系统下使用也十分简单，先从官网 http://phantomjs.org/ 下载对应的版本，然后解压，最后像上面代码一样在调用的时候指定其解压后的路径。下载网站中也有 Windows 和 Mac OS X 系统下的安装教程，对应系统的读者可以此为参照进行配置。

下面进行简要说明。

- DesiredCapabilities

  引入这个模块的目的，是为了定制请求头，这里加上了自定义的 UA。

- get_screenshot_as_file

  此函数用于获取当前页面的截图，并保存为指定的文件。

- find_element_by_xpath

  通过 xpath 查找元素，还有 selector 等多种方式。这里的 xpath 或 selector 一般不用自己写，Chrome 自带的检查元素和 Firefox 的 firebug 插件都可以在定位之后从浏览器直接拷贝下来。这里使用的是 Chrome 拷贝的结果。

- send_keys 与 click()

  正如函数名的字面意思：前者是输入信息动作，后者是单击动作。

从程序输出的三张图片，可以看到整个填写的流程。所以现在又多了一种模拟登录的方法了。一般来讲，使用 Selenium 是操作起来最简单的。对于一些复杂点的网站，手动抓包再提交表单的过程可能会比较烦琐，但是使用 Selenium 就完全不用考虑这些。当然，其缺点也是不容忽视的，它最大的缺点就是运行速度慢，一般不能用于大规模的抓取操作。所以在开发爬虫程序时，应根据实际需要选择最合适的方法。

2.3.10 多线程与多进程

下面进行本书爬虫模块最后的一次进阶，即多线程与多进程。首先简单介绍它们的原理。

之前介绍的爬虫都是串行的，怎么理解串行呢？如图 2-15 所示。

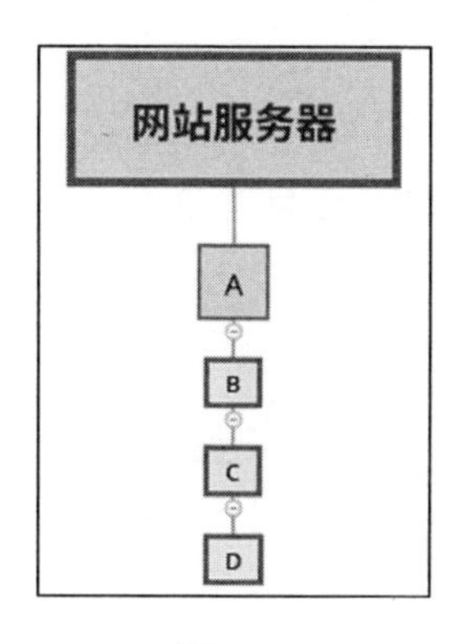

图 2-15

假设一共要向服务器发送四个请求，即 A、B、C、D 这样传统的串行爬虫。

A：嘿，服务器，你好啊，我是 A，这是我的请求。你看下，请尽快回复我。

服务器：好，你先等一会，我找人看下，然后给你拿数据。

A：好，那我等一会。

B：等 A 的事情办完，就轮到我了，先等会吧。

C：等 A，B 忙完，就轮到我了。

D：等它们三个的事情办完，就该我了……

一段时间（其实就是请求的响应时间）后……

服务器：嘿，A，你的请求没有问题，这是你的数据。

A：好的，谢谢。

B：服务器，你好啊，我是 B，这是我的请求……

如此继续下去，直到所有的请求完成。实际上，程序的运行时发送请求的时间是极短的。一个请求从发送到最后得到响应的结果，大部分时间在等待服务器的响应。即 A 和其他所有请求要等待的“一段时间”，A 在等待的同时，B、C、D 都在同时等待。

这个示例只有四个请求，那么如果有几万，几十万个请求怎么办呢？这样后面的人难免会着急，它们就想，这样太慢了，干脆去另一个窗口排队好了。如图 2-16 所示。

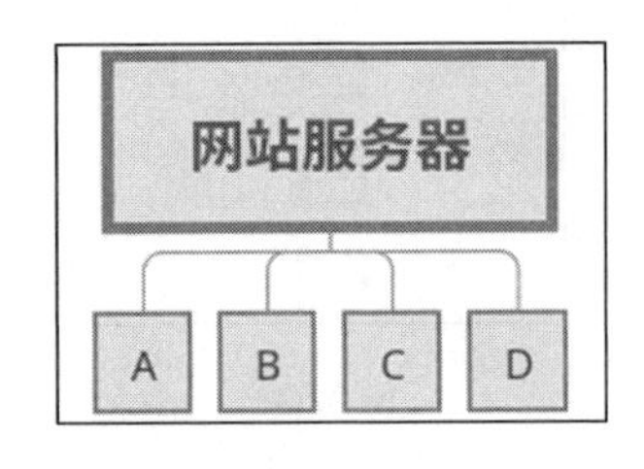

图 2-16

多窗口有一个限制，就是每次只能发送一个请求。

此时，情景就发生了变化：

A：嘿，服务器，我是 A，这是我的请求。你看下，好了尽快回复我。

服务器：好，你先等一会，我找人看下，然后去给你拿数据。

B：哈哈，A 说完了，到我了。嘿，服务器，我是 B，这是我的请求。你看下，好了尽快回复我。

服务器：好，你先等一会，我找人看下，然后去给你拿数据。

C：B 说完了，到我了。嘿，服务器，我是 C，这是我的请求。你看下，好了尽快回复我。

服务器：好，你先等一会，我找人看下，然后去给你拿数据。

D：C 说完了，到我了。嘿，服务器，我是 D，这是我的请求。你看下，好了尽快回复我。

服务器：好，你先等一会，我找人看下，然后去给你拿数据。

这样，四个请求就可以一起等待，一段时间后，四个请求就会陆续拿到自己的数据，而每个请求等待的时间几乎是一样的，都是服务器处理一个请求的时间。这样便可以在相同的时间完成四倍的工作。

这里的窗口就是线程，四个窗口代表创建了四个线程。而一个进程中，只能同时运行一个线程（其他等待）。

这样我们很自然地想到，如果有 10 万个网页，就直接开 10 万个窗口不就可以了吗？答案是不行的，原因有以下两点。

第一，擅自开通新的窗口要向一些部门请示，会花费一定的时间。开通那么多的窗口，需要花费的时间也是不少的，以至于超过一定的数量后反而不如直接排队等来得快。这就是创建和销毁线程的开销。

第二，短时间开启如此多的窗口，服务器会明显觉得不太对劲，就会去查来者的底细。深入调查发现，来者是一个地方组团来的，用意不良。那么服务器轻则赶人，重则赶走后，禁止这些人再次进入。因为过多的请求会造成服务器的过载，服务器出于自我保护，必定会采取处理措施。一般就是断开连接，有些时候也会封禁请求的 IP。

以上就是对单进程和多线程原理的介绍。

但是这里的多线程不能充分利用计算机的多核 CPU，要想充分利用多核 CPU，就要使用多进程。而多进程的原理和多线程是比较类似的。多进程，就是在不同的核上进行进程的切换执行。

对于一些读者来说，理解起来可能还会有一些难度，接下来会介绍使用方法。先学会使用，再在深入学习中逐渐理解，毕竟这是一个循序渐进、水到渠成的过程。大部分多线程的使用教程都比较烦琐，这里介绍进程池和线程池，效率一样，但是实现起来要简单得多。

看以下这段代码。

```
import re
import requests
import pandas as pd
from fake_useragent import UserAgent

url = 'https://www.hao123.com/'
ua = UserAgent()
headers = {'User-Agent': ua.random}

resp = requests.get(url, headers)
data = resp.text
urls = re.findall(r'href="(http.*?)"', data)
print(len(urls))

df = pd.DataFrame()

# 我们取前 1000 个
df['url'] = urls[:1000]
df.to_csv('TestUrls.csv', index=None)
```

这里随便从一个网址导航的网站抓取一些网页链接，取前 1000 个保存到 CSV 文件。相信读者对这个过程已经十分熟悉了，这里不再赘述。接下来从文件中取一些 url 进行速度测试。

```
import time
import requests
import concurrent
from concurrent import futures
import pandas as pd
import threading
from multiprocessing import Pool
```

```
# 装饰器，打印函数的执行时间
def gettime(func):
    def warapper(*args, **kwargs):
        print("="*50)
        print(func.__name__, 'Start...')
        starttime = time.time()
        func(*args)
        endtime = time.time()
        spendtime = endtime - starttime
        print(func.__name__, "End...")
        print("Spend", spendtime, "s totally")
        print("="*50)
    return warapper

# 从文件取 n 个网址测试
def get_urls_from_file(n):
    df = pd.read_csv('TestUrls.csv')  # 共 1000 个网址
    urls = list(df['url'][:n])

    return urls

# 请求并解析网页获取数据（这里简单把要获取的数据设为网页源码）
def getdata(url, retries=3):
    # print("正在下载:", url)
    headers = {}
    try:
        html = requests.get(url, headers=headers)
        # print(html)

    except requests.exceptions.ConnectionError as e:
        # print('下载出错[ConnectionError]:', e)
        html = None
```

```
        # 5××错误为服务器错误,可以重新进行请求
        if (html != None and 500 <= html.status_code < 600 and retries):
            retries -= 1
            # print('服务器错误正在重试...')
            getdata(url, retries)
            data = html.text
        else:
            data = None
        return data

# 串行
@gettime
def Mynormal():
    for url in urls:
        getdata(url)

# 进程池
@gettime
def MyprocessPool(num=10):
    pool = Pool(num)
    results = pool.map(getdata, urls)
    pool.close()
    pool.join()
    return results

# 多线程
@gettime
def Mymultithread(max_threads=10):
    # 对urls的处理
    def urls_process():
        while True:
            try:
                # 从urls末尾抽出一个url
                url = urls.pop()
```

```
        except IndexError:
            # urls 爬取完毕，为空时，结束
            break
        data = getdata(url, retries=3)
        '''
        这里是对网页数据的提取与存储操作
        '''
    threads = []

    # 未达到最大线程限制且仍然存在带爬取的 url 时，可以创建新的线程进行加速
    while int(len(threads)<max_threads) and len(urls):
        thread = threading.Thread(target=urls_process)
        # print('创建线程', thread.getName())
        thread.start()
        threads.append(thread)
    for thread in threads:
        thread.join()

# 线程池
@gettime
def Myfutures(num_of_max_works=10):
    with concurrent.futures.ThreadPoolExecutor(max_workers=num_of_max_works)
 as executor:
        executor.map(getdata, urls)

if __name__=='__main__':
    #  取 100 个网页做测试
    urls = get_urls_from_file(100)
    Mynormal()  # 串行
    MyprocessPool(10)  # 进程池
    Myfutures(10)  # 线程池
    Mymultithread(10)  # 多线程
```

运行输出如下（受网速影响，结果可能不同）。

```
==================================================
Mynormal Start...
Mynormal End...
Spend 20.605727672576904 s totally
==================================================
==================================================
MyprocessPool Start...
MyprocessPool End...
Spend 2.4525890350341797 s totally
==================================================
==================================================
Myfutures Start...
Myfutures End...
Spend 2.1515889167785645 s totally
==================================================
==================================================
Mymutithread Start...
Mymutithread End...
Spend 2.1947641372680664 s totally
==================================================
```

程序的实现比较简单，必要的地方已经添加了注释说明。需要注意以下几点。

（1）首先，这里用到了装饰器来简化程序。

（2）从输出上看，开启 10 个进程或者线程，时间会缩短 9 倍多，为什么不是 10 倍呢？首先因为网速不是绝对稳定的，再者要算上线程和进程创建及销毁的时间开销。

（3）作为对比，这里给出了传统的多线程的实现，即 Mymultithread 函数。但是对于初学读者来说，能够迁移运用进程池和线程池就已经很好了。至于 Mymultithread 函数的实现原理，感兴趣的读者也可以深入探索一下。从简单实用的角度出发，推荐使用进程池和线程池，也就是类似 Myfutures 函数的方式。

至此已经完成了对大规模爬虫加速的进阶，也大致完成了本书关于爬虫进阶的内容。

2.4 爬虫总结

通过对爬虫的介绍和抓取流程的讲解，相信读者对爬虫已经有了一个初步的认识。再加上 10 个不同层次的进阶，基本上涉及了爬虫的各个方面。我们尽量避开一些比较复杂的理论，一是因为这些知识对于初学者来说不太好理解，再者就是即使不深入了解它们也不会对开发爬虫造成很大的麻烦。所以大部分内容本着实用主义的观点，以代码为核心进行讲解。

那么，来看看学到了什么。首先，熟悉了爬虫的整个流程，即请求、解析网页获取数据和储存。关于请求，这里介绍了简单的 UA 伪装、代理 IP 的使用、编码检测、异常处理、断线重连和如何遵循 robots.txt 协议，以及较为复杂的模拟登录和验证码问题。同时，针对动态页面数据的请求也分别介绍了几种方法。解析网页获取数据，介绍了 BeautifulSoup 库和 re 模块（即正则表达式），以及 Selenium 的一些简单的解析网页的方法。还介绍了多线程和多进程用于加速大规模的爬取工作。最后，简单讲解了怎样储存获取到的数据。这里介绍了 CSV 文件和 JSON 文件的使用，在第 3 章还要进行专门的文件存取操作。

通过前面的流程引导和后面一系列的强化，相信大家已经可以开发出较为复杂的爬虫程序了。这里希望大家注意几点。首先，因为网站的更新，本书的爬虫程序可能会失效，这时候大家根据网站的规则加以修改即可。再者，我们在讲解的过程中，用到的都是真实的网站，纯粹是为了交流学习。希望大家在学习的时候，首先阅读相关网站的机器人协议，切勿对网站服务器造成过载等问题。这也是我们作为互联网公民应当自觉遵守的规则。

最后是一点学习路线上的建议。在学习新的东西的时候，比如编程、爬虫，经过一定时间的努力，我们一般会取得一定的成果。相信读者在写出自己第一个爬虫的时候都是十分开心的。但是，大部分人在学到一点知识之后会进如一个“舒适区”，从而停滞不前。怎么讲呢？就好比爬虫，我们经过短时间的学习，能爬豆瓣网分析影评，能爬京东网分析价格走势等。对于初学者来说，这是值得肯定的。但是，“舒适区”的存在，使得我们一直停留在这个阶段，例如爬完京东网再去爬淘宝网等。一样的东西，我们重复地做，当然是会变得熟练，但是同时也可能导致自己把大把的时间浪费在一个自己已经熟知的领域。这里虽然介绍了不少的进阶知识，但是这些也许还是不够的。有过一定编程经验的读者可能早就想到了，进行模块化之后，爬虫的很多东西不需要自己重复去写，直接调用就行了。鉴于本书面向初学者，没有介绍这些内容，但是模块化的思想还是很重要的。再者，本书并没有介绍 Python 中的一些爬虫框架，如 Scrapy 等，主要考虑到框架对于初学者来说比较难以接受，但是它同样是十分重要的。所以，我们要继续努力。

总之，作为初学者，能把前面的内容看懂一些已经值得鼓励。但是我们切忌进入“舒适区”而停滞不前，因为关于 Python 的故事，远不止爬虫。

参考文献

[1] Richard Lawson. Web Scraping with Python[M]UK: Packt Publishing，2015.

[2] Ryan Mitchell. Web Scraping with Python[M]America: O'Reilly Media，2015.

3 数据的存取与清洗

学习目标

- 掌握 TXT、CSV、XLSX、JSON 文件的存取，以及使用 Python 操作 MySQL 数据库的知识
- 掌握 pandas、NumPy 的基本用法，并学习使用 pandas 进行数据的清洗
- 学习在数据处理中使用自定义日志文件记录操作

3.1 数据存取

这里重点讨论数据的存储问题。因为存储数据是为了利用数据进行建模分析，那么选择恰当的数据存储方式会使得数据的提取更加方便快捷。本书将利用 Python 内建（built-in）的函数介绍基本的文件操作，利用第三方库对 CSV、TXT、JSON、XLSX 等格式的文件进行存储，以及利用 Python 操作 MySQL 数据库。

3.1.1 基本文件操作

相信了解 Python 基础语法的读者都知道文件操作涉及 open 函数，那么先从 open 函数开始吧。如果忘记 open 函数的用法了，怎么办？其实淡忘是正常的，

即使是熟练的程序员有时候也会忘记函数的用法。这时候应该首先尝试查看帮助文档而不是上网查用法。学习查看帮助文档也是一项可以让我们受益很多的技能。下面尝试一下，熟悉查看帮助文档的读者可以跳过这段。

这里使用IPython交互界面进行测试（建议使用IPython，在Spyder和PyCharm内部均可使用，Ubuntu下直接在终端输入 `ipython` 即可），当然在Python自带的IDLE的交互界面亦可，不建议直接在Windows终端上操作。

输入：help(open)或者 print(open.__doc__)

运行输出如下（这里分段解释）。

```
Help on built-in function open in module io:
open(file, mode='r', buffering=-1, encoding=None, errors=None, newline=None,
 closefd=True, opener=None) Open file and return a stream. Raise IOError upo
n failure.
```

首先是一行提示信息，该信息表示这是关于属于io模块内建函数open的帮助文档。之后就是 open 函数的参数列表。在查看参数列表时，要注意只有 file是必须的参数，其他参数是可选的，即使不输入它们也都有默认值。再往后，介绍open的功能以及失败时的报错信息。

```
file is either a text or byte string giving the name (and the path if the file
 isn't in the current working directory)…
mode is an optional string that specifies the mode in which the file is opene
d. It defaults to 'r' which means open for reading in text mode. Other common
 values are 'w' for writing…
```

这是对每个具体参数的解释，要注意每段的第一句话，这是对这个参数的概括。通过帮助文档可以了解到，file 参数是文件名，如果想要读写的文件不在当前工作目录下，则要指定文件的路径，也就是常说的绝对路径。第二段是对mode参数的解释，可以了解到mode是可选的参数，并且默认情况下是`'r'`模式，即只读模式。

这是对 mode 使用的一些字符的说明。读者可能已经注意到后面的小括号里面的内容，default 就是默认的模式，deprecated 是将要弃用的模式，弃用的意思是说现在不赞成使用该参数，因为在之后的 Python 版本中，该参数将会移除，那时再使用此参数将会报错。

```
========= ===============================================================
'r'       open for reading (default)
'w'       open for writing, truncating the file first
'x'       create a new file and open it for writing
'a'       open for writing, appending to the end of the file if it exists
'b'       binary mode
't'       text mode (default)
'+'       open a disk file for updating (reading and writing)
'U'       universal newline mode (deprecated)
========= ===============================================================
```

注意：我们要学会查看帮助文档，通过查看帮助文档，能更好地使用函数而不必担心淡忘的问题。即使英文不好的读者，也鼓励尽量尝试，因为不需要完全看懂整个帮助文档，只需要弄清楚关键参数的用法即可，实际用到的参数并不多。

下面正式开始关于文件的操作。

1. open 和 close

以下是一种经典的文件操作。

```
In [15]: f = open('Hello.txt', 'w')


In [16]: f.write('Hello World')
Out[16]: 11


In [17]: f.write('Good Morning')
Out[17]: 11
```

```
In [18]: f.close()
```

这里使用 open 函数以文本写入的方式打开文件 Hello.txt，得到文件对象 f，如果当前工作目录没有此文件，程序将会自动创建此文件。接着使用文件对象 f 的 write 方法写入了两句话，写入后使用 close 方法提交操作并关闭文件对象。这就是一个基本的文件写入操作。

记得这里一定要使用 close，否则以上对文件的操作将会失效，为了避免这点，后面会介绍 with 的使用方法。那么先来尝试犯一下这个错误吧！

```
In [57]: f = open('errortest.txt', 'w')


In [58]: f.write('Without close!')
Out[58]: 14
```

这时发现工作目录下已经创建了 errortest.txt 文件，但是并没有写入文本内容！我们再在.py 文件下测试，写入上面两句代码，运行后发现仍然没有写入。更重要的是，这里并不会报错！所以这里一定记得使用 close 提交操作，保存内容。

注意：有些时候，我们要故意去"犯错"，去看看到底是怎么错的，然后解决错误！

现接下来查看正常 close 时，此文件的内容，如下所示。

Hello WorldGood Moring

是不是和想像的有差距呢？初学者可能会问为什么不是两行呢？这是因为没有写入换行符，系统默认是直接追加的，想要分行写，只需要在每句话后面加上 `\n` 即可，代码如下。

```
In [34]: f = open('Hello.txt', 'w')


In [35]: f.write('Hello World\n')
Out[35]: 12
```

```
In [36]: f.write('Good Moring\n')
Out[36]: 12

In [37]: f.close()
```

这时候的文件内容如下所示。

Hello World

Good Moring

也可以一次写入多句文本，代码如下。

```
In [59]: f = open('Hello.txt', 'w')

In [60]: text_lines = ['Hello World\n', 'Good Morning\n']

In [61]: f.writelines(text_lines)

In [62]: f.close()
```

这样的效果和之前的写法是一样的。

接下来尝试一下追加模式，代码如下。

```
In [65]: f = open('Hello.txt', 'a')

In [66]: f.write('The end\n')
Out[66]: 8

In [67]: f.close()
```

查看 Hello.txt 文件，如下所示。

Hello World

Good Morning

The end

关于文本的写入，常用的就是这些，想深入了解的读者可以自己测试下 help(open)里面的其他内容。这里，想必有些读者已经注意到，我们在执行 write 时，IPython 会输出一个数字。遇到这种情况，该怎么办？没错，第一个想到的应该是 help！让我们尝试一下，代码如下。

```
help(f.write)
```

运行输出如下。

```
Help on built-in function write:
write(text, /) method of _io.TextIOWrapper instance Write string to stream.
Returns the number of characters written (which is always equal to the length
 of the string). (END)
```

很清楚地看出，返回的是字符数。注意，这里`'\n'`也是算一个字符的。也许读者会疑惑，`n`是一个字符，那么`\n`的长度会不会是 2 呢？测试一下便可以得到答案。输入`len('\n')`，输出 1，验证了之前的说法。其实这里的`\`是转义符，这里不是重点，不再深入介绍。

注意：这个例子，对于初学者来说也是十分简单的。但是通过这个例子，我们要学习的一点是，在学习的时候针对不懂的地方，提出问题，并尝试自己去解决。这一点十分重要。

接下来了解如何从已有的文件中读取数据内容，以下是经典的读取数据的方法。

```
In [81]: f = open('Hello.txt', 'r')


In [82]: text = f.read()


In [83]: text
Out[83]: 'Hello World\nGood Morning\nThe end\n'
```

```
In [84]: print(text)
Hello World
Good Morning
The end
```

下面进行简要说明。

- f.read()

它是一个常用的变量。例如这里的 text，用于保存 f.read()的内容，以便之后对其进行操作。这是因为这个读取数据的过程是“一次性”的（具体原因涉及其实现原理，这里不再介绍），再次调用时将得不到数据。这里读者可以尝试“故意犯错误”，看看再次调用 f.read()会返回什么。

- 关于输出

可以看到，在得到的 text 中，换行符依旧是写入时的`\n`，只有在打印的时候才将其真正转化为换行符。

- 常见文件打开的模式

w，代表写入，默认为文本模式，所以确切地说是 wt，即以文本写入方式打开文件。如果没有文件则创建一个文件；如果已经有此文件，则覆盖该文件。

a，追加模式，在文件最后写入数据。

r，只读模式，默认为文本模式，所以确切地说是 rt，即打开已经存在的文件，若没有此文件则报错。

r+，读写模式。

wb，以二进制的形式写入，一般保存图片时使用。

对比之前的 writelines，在读取时有 readlines，如下所示。

```
In [90]: f = open('Hello.txt', 'r')
```

```
In [91]: print(f.readlines())
['Hello World\n', 'Good Morning\n', 'The end\n']
```

对应地，其输出也是一个字符串列表。

这就是关于利用 Python 内建函数进行文件存取操作的内容了。也许读者会问，那么多函数，名字都记不住，这里有两种办法解决！第一，就是 help，在使用 open 得到文件对象 f 时，可以使用 `help(f)` 来查看 f 含有的方法。第二，就是利用 IPython 补全功能，输入 `f.` 再按[Tab]键，即可得到这些函数。

注意：有效利用 help 查看帮助文档，可以为程序编写带来很多便利。

2. with 与 open

下面介绍如何将 with 与 open 结合来进行文件的读写，基本语法如下。

```
In [7]: with open('Hello.txt', 'w') as f:
   ...:     f.write('Hello World')
   ...:

In [8]: cat Hello.txt
Hello World
```

可以看到，用 with 进行文件操作语法更加简洁，也不用担心因忘记 close 而造成数据未存储的问题。上面代码还有一点要注意，在 IPython 中可以直接使用 Linux 命令，上述代码第 8 行的意思就是查看 Hello.txt 的内容。

这里，f 的用法和之前介绍的是完全一样的，也有 `f.writelines`，`f.readlines` 等用法，读者可以自行尝试。一般情况下，可以选择 with 的方式进行简单的文件读写操作。

注意：IPython 除可以直接执行 Linux 命令外，还有很多强大的辅助功能，读者可以进入官网进一步了解。

3.1.2　CSV 文件的存取

3.1.1 小节介绍的只是基本的文件读写操作，但是在实际生活和工作中，需要更加丰富的存储格式来提高效率。在数据的获取中，首选的存储格式就是 CSV。下面介绍它的使用方法。

那么，CSV 文件是什么呢？CSV（Comma-Separated Values），中文通常叫做逗号分割值。CSV 文件由任意数目的记录（行）组成，每条记录由一些字段（列）组成，字段之间通常以逗号分割，当然也可以用制表符等其他字符分割，所以 CSV 又被称为字符分割值。

Python 是自带 CSV 模块的，但是这里不再介绍，因为我们有更好的办法进行 CSV 文件的读取，那就是 pandas。使用 pandas 可以直接读取 CSV 文件为 Series 和 DataFrame，在进行一系列的操作之后，只需要简单几行代码就可以保存文件。

注意：pandas 是一个极其强大的第三方库，随着后续的学习可以看到它几乎贯穿整个数据分析过程。

1．CSV 文件的存储

先看下 CSV 文件的存储（这里用到一些 pandas 的操作，之后还会详细讲解）。

```
import pandas as pd

# 生成一些数据
data = {'A': [1, 2, 3], 'B': [4, 5, 6]}
df = pd.DataFrame(data)  # 将字典转化为 dataframe 格式
print(df)  # 打印 dataframe

# 进行一些操作
df['A'] = df['A']+1

# 存储为 csv 文件
df.to_csv('csvdemo.csv')
```

输出的 df 如下。

```
   A  B
0  1  4
1  2  5
2  3  6
```

此时，程序已经生成了 CSV 文件 csvdemo.csv，打开进行检查，如下所示。

```
,A,B
0,2,4
1,3,5
2,4,6
```

可以看到，这里已经正确存储了。如果不想要前面的索引，可以在输入 `df.to_csv` 时设置 index 参数，即输入 `df.to_csv('csvdemo.csv', index=None)`，这时候的 csvdemo.csv 文件如下所示。

```
A,B
2,4
3,5
4,6
```

除此之外，在保存为 CSV 文件的时候，还可以根据需要设置一些其他参数，如下所示。

```
import pandas as pd

# 生成一些数据
data = {'A': [1, 2, 3], 'B': [4, 5, 6]}
df = pd.DataFrame(data)  # 将字典转化为 dataframe 格式
print(df)  # 打印 dataframe

# 进行一些操作
df['A'] = df['A']+1

# 存储为 CSV 文件
```

```
df.to_csv('csvdemo.csv', index=None, mode='a', header=False)
```

在上面的代码里面，先生成了一些数据，然后对数据进行操作，之后进行保存。在保存的时候，又添加了两个参数：`mode` 和 `header`。前者的意思是追加模式，和之前介绍的基本的文件读写是一致的。后面的 `header` 设置为 False，是为了在追加的时候不再写入列名称。此时，csvdemo.csv 文件如下所示。

```
A,B
2,4
3,5
4,6
2,4
3,5
4,6
```

关于 CSV 文件的存储就是这样，至于其他的参数和用法，读者可以通过查看帮助文档进行了解和测试。

另外，有些初学者可能会认为 CSV 文件之所以那么广泛地使用，是因为其内部有一些机制可以被很好地识别、操作等，其实它之所以广泛被使用，就是在于简单。它的本质就是一种按照一定格式排列起来的字符串，逗号分割字段，换行符分割记录。我们完全可以利用前面学到的基本文件操作，实现一个 CSV 文件的存储，下面给出一个实现示例。

```
import pandas as pd

# 手动实现CSV格式
def saveTocsv(nrows, ncols, data):
    f = open('mycsv.csv', 'w')
    f.write('A,B')  # 列名
    f.write('\n')
    for i in range(nrows):  # 对于每一行
        for j in range(ncols):  # 对于每一列
            f.write(str(data.ix[i][j]))  # 写入的数据需为字符型
            if j != ncols-1:  # 每行最后不写入逗号
```

```
            f.write(',')  # 选取分隔符
        f.write('\n')  # 换行符
    f.close()

# 生成一些数据
data = {'A': [1, 2, 3], 'B': [4, 5, 6]}
df = pd.DataFrame(data)  # 将字典转化为dataframe格式
# 进行一些操作
df['A'] = df['A']+1

# 保存
saveTocsv(df.shape[0], df.shape[1], df)
```

这样，mycsv.csv 文件如下。

```
A,B
2,4
3,5
4,6
```

这和通过 pandas 得到是完全一样的。当然，这个实现示例仅用于帮助读者理解 CSV 是一种排列字符串的简洁方式而已，并没有太大的实用价值。一般情况下还是选择前面介绍的方式，即通过 pandas 存储。

注意：若无特殊需要，建议通过 pandas 来完成相关的存取操作，因为其简单易行，便于处理。

2. CSV 文件的读取

简单的读取，如下所示。

```
import pandas as pd
df = pd.read_csv('csvdemo.csv')
print(df)
```

运行输出如下。

```
   A  B
0  2  4
1  3  5
2  4  6
```

下面介绍其他的更为具体的操作，首先新建如下格式的实验数据，保存为csvdemo.csv：

```
代号,体重,身高
A,65,178
B,70,177
C,64,180
D,67,175
```

下面进行一些导入操作。

指定索引列，代码如下。

```
import pandas as pd


df = pd.read_csv('csvdemo.csv', index_col='代号')
print('DataFrame:\n', df)
print('df.index.name:', df.index.name)
```

运行输出如下。

```
DataFrame:
     体重   身高
代号
A   65  178
B   70  177
C   64  180
D   67  175
df.index.name: 代号
```

指定列名，代码如下。

```
import pandas as pd


df = pd.read_csv('csvdemo.csv', names=['ID', 'H', 'W'])
print('DataFrame:\n', df)
print('df.index.name:', df.index.name)
```

运行输出如下。

```
DataFrame:
   ID  H    W
0  代号 体重  身高
1   A  65  178
2   B  70  177
3   C  64  180
4   D  67  175
df.index.name: None
```

不指定列名时，默认第一行为列名，最简单的导入再打印操作就是这样的；指定列名后，原来的第一行变为一条数据。

比较常用的导入操作就是这两个，读者可以结合帮助文档进一步学习其他参数。

3.1.3 JSON 文件的存取

在实际的数据处理过程中，需要一些更好的结构来存储数据，以便于读写。如图 3-1 所示的数据，具有一定的层级关系，直接写入就不太合适了。

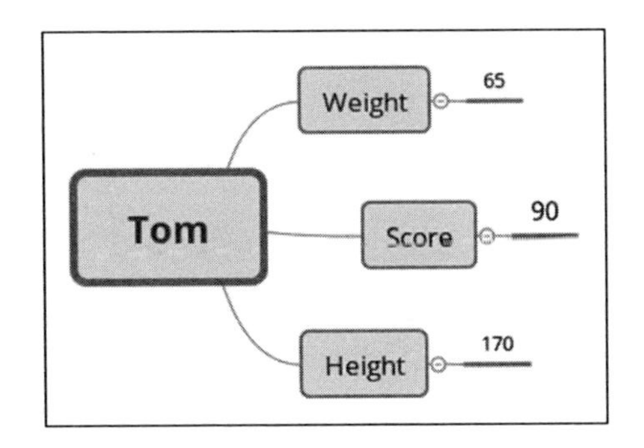

图 3-1

因为在这种情况下，存储为成行的文本会使得之后的数据提取变得相当烦琐。这时候，对于这种有层级关系的数据，一般选取 JSON 格式的存储方式，而且 JSON 支持多种类型的存储，包括 str，int，dict，list 等。

关于 JSON 文件的处理，这里介绍 JSON 包，主要涉及以下两对函数的使用方法。

- json.dumps 和 json.loads
- json.dump 和 json.load

下面通过具体应用来深入了解其用法。

```
In [40]: data = {'Tom':{'Weight':65, 'Score':90, 'Height':170}}

In [41]: json_str = json.dumps(data)

In [42]: json_str
Out[42]: '{"Tom": {"Weight": 65, "Score": 90, "Height": 170}}'

In [43]: type(json_str)
Out[43]: str

In [44]: data_from_str = json.loads(json_str)

In [45]: data_from_str
Out[45]: {'Tom': {'Height': 170, 'Score': 90, 'Weight': 65}}
```

```
In [46]: type(data_from_str)
Out[46]: dict
```

先来解释下上面的代码：将要存储的数据装到一个字典里面（显然存储为字典是为了方便提取其中的数据），之后通过 `json.dumps` 将其转化为 JSON 编码的字符串（JSON-encoded string），并将其赋值给 `json_str`，检验类型，确实为字符串；接着通过 `json.loads` 将其从字符串转化为原来的 dict 格式。

对于文件的操作也是类似的，代码如下。

```
In [47]: data = {'Tom':{'Weight':65, 'Score':90, 'Height':170}}

In [48]: with open('data.json', 'w') as f:
   ...:     json.dump(data, f)
   ...:

In [49]: cat data.json
{"Tom": {"Weight": 65, "Score": 90, "Height": 170}}

In [50]: with open('data.json', 'r') as f:
   ...:     data = json.load(f)
   ...:     print(data)
   ...:
{'Tom': {'Weight': 65, 'Score': 90, 'Height': 170}}

In [51]: type(data)
Out[51]: dict
```

这里的 dump 与 load 都是对文件对象 f 进行的操作。

注意：将文件暂时存储为 JSON 格式，可以用 `json.dumps`，`json.loads` 操作以 JSON 格式编码的字符串；存取文件的时候，使用 `json.dump` 和 `json.load` 对文件对象进行操作。

对 JSON 文件的操作基本就是这些了。接下来说明一些要注意的地方。

- 汉字的存取

上面的代码，相信读者很容易就可以运行成功，如果数据包含汉字，会发生什么情况呢？建议读者自己尝试一下，看看是否能够正确地存储和输出汉字，如果不能，可以先尝试自行解决。经过尝试会发现，直接运用上面的方式并不能正确打印汉字，如下所示。

```
In [52]: data = {'lang':'汉语'}

In [53]: json_str = json.dumps(data)

In [54]: json_str
Out[54]: '{"lang": "\\u6c49\\u8bed"}'
```

可以看出这里是一个编码问题，要做的第一件事便是查看帮助文档：输入 `help(json.dumps)`，查找和编码有关的参数，发现了 ensure_ascii，进一步查看参数解释：

```
If ensure_ascii is false, then the return value can contain non-ASCII charac
ters if they appear in strings contained in obj. Otherwise, all such charact
ers are escaped in JSON strings.
```

也就是说，如果 ensure_ascii 为 True（默认值），输出将转义所有传入的非 ASCII 字符。如果 ensure_ascii 设置为 False，这些字符将按原样输出。

接下来尝试将 ensure_ascii 设置为 False，如下所示。

```
In [63]: data = {'lang':'汉语'}

In [64]: json_str = json.dumps(data, ensure_ascii=False)

In [65]: json_str
Out[65]: '{"lang": "汉语"}'
```

可以看到，问题已得到解决。

- sort_key 排序

```
In [75]: data = {2:'Tom', 1:'Ada', 3:'Sam'}

In [76]: print(json.dumps(data))
{"2": "Tom", "1": "Ada", "3": "Sam"}

In [77]: print(json.dumps(data, sort_keys=True))
{"1": "Ada", "2": "Tom", "3": "Sam"}
```

这里默认是不排序的，可以根据需要将 sort_keys 设置为 True 来对字典进行排序。

- indent 美化输出

存储为 JSON 格式的目的就是为了方便存取，方便观察。在默认情况下，JSON 数据是以行的形式输出的，也就是前面看到的情况。这里可以加上缩进，来获得更清晰的输出。

```
In [66]: data = {'Tom':{'Weight':65, 'Score':90, 'Height':170}}

In [67]: json_str = json.dumps(data, indent=4)

In [68]: json_str
Out[68]: '{\n    "Tom": {\n        "Weight": 65,\n
"Score": 90,\n        "Height": 170\n    }\n}'

In [69]: print(json_str)
{
    "Tom": {
        "Weight": 65,
        "Score": 90,
        "Height": 170
    }
}
```

注意：在 JSON 文件很大的情况下，通过直接观察就很难看出其中的层次结构，也就难以提取数据，这时候使用合理的缩进来优化打印输出效果是极为有用的。

这些就是常用的关于 JSON 文件的读写操作，想进一步了解相关内容的读者可参考官方文档进行进一步学习。与之相关的还有一个 pickle 库，该库也有关于 JSON 文件操作的内容。

3.1.4 XLSX 文件的存取

在处理数据时会经常用到 Excel 电子表格，而 Python 也有很多包可以与 Excel 进行交互。目前主要有四个库可以进行 Excel 文件的读写操作，分别是 xlwt、xlrd、xlsxwriter、openpyxl。前两者都用于处理 XLS 文件的读写，其中 xlwt 是写入，xlrd 是读取。后两者是用于 XLSX 文件（也就是 Excel 2010 及更高版本的电子表格文件）的操作。由于大部分人使用的是较高的 Excel 版本，这里仅对后两种进行简单介绍。

1. xlsxwriter

这里参考 xlsxwriter 的官方文档，分两个方面进行讲解，分别是使用 xlsxwriter 直接写入数据（只能写入）和通过 pandas 实现存取。下面分别进行介绍。

（1）xlsxwriter 直接写入

先看一段代码。

```
import os
import xlsxwriter

# 为了数据文件和程序文件的分离，可以选择新建文件夹，并在此文件夹下进行文件的读写
# 如果没有此文件夹，则创建（避免下次运行重复创建报错）
if 'Myxlsxdata' not in os.listdir():
    os.mkdir('Myxlsxdata')  # 相对路径，在当前目录创建文件夹 Myxlsxdata
os.chdir('Myxlsxdata')  # 相对路径，打开文件夹 Myxlsxdata
```

```
# 新建文件名为Hello_World.xlsx 的电子表格工作簿
workbook = xlsxwriter.Workbook('Hello_World.xlsx')

# 为创建的电子表格工作簿增加一个名为表 1 的表格,默认表名为 sheet1, sheet2……
worksheet = workbook.add_worksheet('表 1')

# 在 A1 单元格写入数据 Hello World!
worksheet.write('A1', 'Hello World!')

# 存储数据,关闭工作簿
workbook.close()
```

运行后，可以在当前文件夹（.py 文件所在文件夹）下看到新建的 Myxlsxdata 文件夹，以及其目录下的 Hello_World.xlsx 文件。打开文件可看到新增的表 1 和其上面的“Hello World! ”字符串。

注意：为了实现数据文件和程序文件的分离，可以选择新建文件夹，并在此文件夹下进行文件的读写。尤其在文件较多的时候，容易造成混乱，这种方法就显得更加必要。

下面通过一个综合的例子，来进一步了解整个存储的流程。第 2 章爬取的豆瓣新书数据，包括新书的标题、作者、评价、内容简介和图书封面，已将其保存为了 CSV 文件。现在将数据提取出来，看怎样将其存储到 XLSX 文件中。

首先写一个小的爬虫将图书的封面图片下载下来。这里读者可以尝试自己写程序实现这个爬虫。

```
import os
import requests
import pandas as pd

# 获取所有图书的封面图片,以书名为文件名
```

```
def savepics(img_urls, titles):
    for i in range(len(img_urls)):
        img_url = img_urls[i]
        title = titles[i]
        img_data = requests.get(img_url).content  # 二进制内容
        # 存储图片
        with open(str(title)+'.jpg', 'wb') as f:
            f.write(img_data)

if __name__=='__main__':
    # 为了数据文件和程序文件的分离,可以选择新建文件夹,并在此文件夹下进行文件的读写
    if 'Myxlsxdata' not in os.listdir():
        os.mkdir('Myxlsxdata')
    os.chdir('Myxlsxdata')

    books_data = pd.read_csv('result.csv')  # 读入爬取的数据
    img_urls = books_data['img_urls']  # 图片地址
    titles = books_data['titles']  # 图书名,为图片命名
    savepics(img_urls, titles)
```

经过第 2 章的学习，这个爬虫理解起来就很容易了。唯一要注意的就是图片文件的命名要尽量规范，不要循环一些数字进行命名，那样不利于文件管理。接下来，将数据写入 XLSX 文件，可以尝试建立一个本地的“书架”，整齐地放置一系列的图书信息。

```
import os
import pandas as pd
import xlsxwriter

# 为了数据文件和程序文件的分离,可以选择新建文件夹,并在此文件夹下进行文件的读写
if 'Myxlsxdata' not in os.listdir():
    os.mkdir('Myxlsxdata')

# 切换到此文件夹下
```

```
os.chdir('Myxlsxdata')

# 导入数据,只导入需要的列.若有缺失值,显示为NULL
books_data = pd.read_csv('result.csv', usecols=['titles', 'authors', 'ratin
gs', 'details'], na_values='NULL')
titles = books_data['titles']
authors = books_data['authors']
ratings = books_data['ratings']
details = books_data['details']

# 新建文件名为Books.xlsx的电子表格工作薄
workbook = xlsxwriter.Workbook('Books.xlsx')

# 为创建的电子表格增加一个名为表1的表格,默认表名为sheet1, sheet2……
worksheet = workbook.add_worksheet('豆瓣新书')

# 写入数据
nums = len(titles)  # 数据量

# 第一行写入列名
worksheet.write(0, 0, '图书封面')
worksheet.write(0, 1, '图书标题')
worksheet.write(0, 2, '图书作者')
worksheet.write(0, 3, '图书评价')
worksheet.write(0, 4, '图书细节')

# 根据内容设置列宽
worksheet.set_column('A:A', 20)
worksheet.set_column('B:B', 20)
worksheet.set_column('C:C', 20)
worksheet.set_column('D:D', 10)
worksheet.set_column('E:E', 150)

# 插入图片和文本数据
```

```
for i in range(1, nums):
    worksheet.insert_image(i, 0, titles[i]+'.jpg')
    worksheet.write(i, 1, titles[i])
    worksheet.write(i, 2, authors[i])
    worksheet.write(i, 3, ratings[i])
    worksheet.write(i, 4, details[i])

# 存储数据,关闭工作簿
workbook.close()
```

打开生成的电子表格，如图 3-2 所示。

	A	B	C	D	E
1	图书封面	图书标题	图书作者	图书评价	图书细节
2		地下铁道	[美]科尔森·怀特黑德	9.1	美国国家图书奖获奖作品，讲述少女科拉无家可归，受到欺辱和强暴，搭乘秘密的地下铁道一路向北，投奔自由的
3		驻马店伤心故事集	郑在欢/上海文艺出版	8.9	郑在欢的中国版《小城畸人》，分为「病人列传」和「cult家族」两部分，用魔幻与残酷印刻出这个世界存在的现
4		草原动物园	马伯庸/中信出版社/2	9.2	一位传教士带着「半个动物园」勇闯蒙古草原的奇幻故事，马伯庸历史奇幻新作，「马亲王」新历史主义写作的进
5		遇见野兔的那一年	[芬]阿托·帕西林纳/中	8.3	芬兰国宝级作家阿托·帕西林纳里程碑式作品，一个关于追求自由、逃离都市的生命转折故事。
6		被占的宅子	[阿根廷]胡利奥·科塔	9.2	阿根廷小说大师胡利奥·科塔萨尔短篇小说全集第一部，收录《彼岸》《动物寓言集》《游戏的终结》三部短篇集。
7		原谅石	[美]洛里·斯皮尔曼/九	8.7	一个女人回望过去，找到二十年前的自己。德国年度十大畅销书排行榜作品，一个关于勇气与和解的故事。
8		公牛山	[美]布赖恩·帕诺威奇	8.8	一部绵延三代人、横跨数十年的黑道世家史诗，国际惊险小说家协会2016年度首作奖获奖作品。
9		寻找时间的人	[爱尔兰]凯特·汤普森	8.7	爱尔兰国家文学奖得主凯特·汤普森作品，一部关于成长、亲情，以及不断消失的传统的颂歌。
10		带艾伯特回家	[美]霍默·希卡姆/未读	8.8	美国畅销书作家霍默·希卡姆的治愈系小说，一只鳄鱼充满惊喜的公路之旅，一个关于爱与选择的真实故事。
11		眼泪的化学	[澳]彼得·凯里/上海译	评价人数	当代澳大利亚文学领军人物彼得·凯里作品，一部以博物馆为背景，兼具寓言与科幻特征的小说。
12		风雪追击	东野圭吾/现代出版社	8.8	日本推理小说大师东野圭吾最新长篇小说，讲述一个突然被指认为杀人凶手的男孩，为了洗清嫌疑而进行自救的故
13		生火	[法]克里斯多夫·夏布	8.7	改编自杰克·伦敦描写极北严寒生活的同名小说，《灯塔》作者克里斯托夫·夏布特以漫画形式，再现自然主义文学
14		有匪2：离恨楼	Priest/湖南文艺出版社	9.5	晋江网大神级作家Priest古言小说扛鼎之作，《有匪》系列第二部，新增独家番外内容。
15		妹妹的坟墓	[美]罗伯特·杜格尼(Ro	7.9	《纽约时报》畅销作家罗伯特·杜格尼力作，妹妹的失踪之谜，牵引出一场饱含亲情的追凶之旅。
16		消失的星国	墨熊/浦睿文化·湖南	评价人数	华语科幻星云奖得主墨熊最新科幻力作，一个发生在时空边境线的故事，一场生死未卜的探险。
17		宛如昨日	蔡骏/湖南文艺出版社	7.2	悬疑畅销作家蔡骏长篇游戏幻想推理小说，在数字游戏中触碰记忆深处的罪恶，揭开尘封已久的真相。
18		蝙蝠侠：黑与白1	[美]丹尼斯·奥尼尔等	8.9	黑暗骑士侦探的硬汉冒险短篇集，以完全的黑白基调呈现蝙蝠侠世界观。IGN评选为25部史上最佳蝙蝠侠漫画之一。
19		终极X战警2	[美]马克·米勒/[美]亚	评价人数	击败万磁王后，X战警即将面临新的挑战，伴随着来自过去的阴影，X战警能否化险为夷？
20		希腊棺材之谜	[美]埃勒里·奎因/新星	9.9	古董商留下了巨额遗产，葬礼后遗嘱却不翼而飞……推理小说大师埃勒里·奎因经典之作。
21		午夜起来听寂静	周云蓬/北京十月文艺	9.1	著名民谣歌手、诗人周云蓬新作，精选收入1999年至2016年间的诗作，完整呈现周云蓬的心灵成长轨迹。
22		全栈市场人	Lydia/人民邮电出版社	8.0	知乎专栏作家Lydia倾心分享互联网运营精华，教你如何做一名互联网产品宣传项目操盘手。
23		致薇拉	[美]弗拉基米尔·纳博	评价人数	纳博科夫写给妻子薇拉的书信集，持续半个多世纪的婚姻中，纳博科夫写给薇拉的书信也从1932年的相识伴随到了
24		达芬奇幽灵	[美]托比·莱斯特（Tob	9.3	作者托比·莱斯特以达芬奇名画《维特鲁威人》为钥匙，用侦探小说般的笔法打开文艺复兴之门，捕捉西方思想史上
25		文明之光（第四册）	吴军/人民邮电出版社	8.6	计算机科学家吴军博士《文明之光》系列的第四卷，以崭新视角全面展现人类文明史中那些绚烂多彩的璀璨文明。
26		青年斯大林	[英]西蒙·蒙蒂菲奥里	评价人数	《耶路撒冷三千年》的作者蒙蒂菲奥里历时10年，重述斯大林如何从鞋匠的儿子，最终成为列宁的左右手这一蜕为
27		食帖15：便当灵感集	林江/中信出版集团股	9.1	《食帖》系列第15辑《便当灵感集》，20位便当生活家经验分享，一本每日便当生活必备灵感全书。
28		中国1945	[美]理查德·伯恩斯坦(	评价人数	作者理查德·伯恩斯坦用引人入胜的笔调，描述了1945年这个美国与中国关系的转折之年，挑战了现代中美关系起源

豆瓣新书

图 3-2

至此，“书架”基本完工了，虽然看上去有些简陋。

该程序理解起来比较直观，相应的操作都有详细的注释，这里不再解释。需要注意的是，在写入的时候一般选择行列索引的格式，即按照 `worksheet.write(xrow, xcol, data)`的形式写入数据。当然，也可以用其他的方法。还有上面的图片，是通过先爬取保存到本地再插入的，其实也可以通过 URL 直接插入到文件，详情可以查看帮助文档。接下来看看怎么通过 pandas 进行 XLSX 文件的读写。

（2）pandas 与 xlsxwriter

注意，这里也是需要安装 xlsxwriter 作为操作引擎的。先来看看怎么使用，代码如下。

```
import os
import pandas as pd

# 文件夹切换
if 'Myxlsxdata' not in os.listdir():
   os.mkdir('Myxlsxdata')
os.chdir('Myxlsxdata')

# 数据 1
books_data = pd.read_csv('result.csv', usecols=['titles', 'authors',
'ratings','details'], na_values='NULL')
df1 = pd.DataFrame(books_data)
# 数据 2
data = {'代号': ['A', 'B', 'C', 'D'], '身高': [178, 177, 180, 175], '体重': [65,
 70, 64, 67]}
df2 = pd.DataFrame(data)

# 以 xlsxwriter 为引擎，创建 writer 对象，并初始化文件名为 pandas_simple.xlsx
writer = pd.ExcelWriter('pandas_moresheet.xlsx', engine='xlsxwriter')

# 将 DataFrame 存储到 writer 里面
df1.to_excel(writer, sheet_name='豆瓣图书')
df2.to_excel(writer, sheet_name='体测数据')

# 关闭 writer 对象，并保存写入的数据
writer.save()

# 读取 xlsx 文件
df = pd.read_excel('pandas_moresheet.xlsx', sheetname='体测数据')
```

```
print(df)
```

这里使用之前的数据，新增的程序只是后面的三行，具体作用可以参考注释。打开生成的 XLSX 文件，发现数据已经正确存储，可以看到用 pandas 一样可以简捷地进行存储。

此外，需要将不同的 DataFrame 分别存入不同的表格时，采用下面的写法就能实现。

```
# 将 DataFrame 存储到 writer 里面
df1.to_excel(writer, sheet_name='豆瓣图书')
df2.to_excel(writer, sheet_name='体测数据')
```

可以看到，以 padnas 为桥梁，我们既能简捷地实现 XLSX 文件的写入与读取，又可以实现从 CSV 文件到 XLSX 文件的转换。

2. openpyxl

openpyxl 功能更加强大，它同时拥有读写的功能，而且能充分地利用 pandas。这里仅以读取文件的操作为例进行简单介绍，同时了解怎样与 pandas 结合使用。

（1）openpyxl 直接读取

先看下面一段程序。

```
import os
import numpy as np
from openpyxl import load_workbook

# 文件夹切换
if 'Myxlsxdata' not in os.listdir():
    os.mkdir('Myxlsxdata')
os.chdir('Myxlsxdata')

# 读取当前工作目录下的 xlsx 文件
wb = load_workbook('pandas_moresheet.xlsx')
```

```
#  查看所有表名
print("表名: ", wb.get_sheet_names())

# 通过表名称来选择工作表
ws = wb['豆瓣图书']
print("行数: ", len(list(ws.rows)))
print("列数: ", len(list(ws.columns)))

# 获取一行的数据
# 这里，通过设置 min_row 和 max_row 相同来实现只取一行
# 一般第一行为列名，打印出来
row_data = []
for row in ws.iter_rows(min_row=1, max_row=1, max_col=5):
    for cell in row:
        row_data.append(cell.value)
print("第一行（列名）: ", row_data)

# 获取某一列的数据,假设为第二列
row_data = []
for col in ws.iter_cols(min_col=2, max_col=2, max_row=41):
    for cell in col:
        row_data.append(cell.value)
print("第二列: ", row_data)

# 获取某区块的数据
# 通过上面的程序也能看出，只要设置好 row 和 col 的阈值就行了
# 假设获取 2-3 列，1-5 行的数据
print("区域数据(1-5，2-3):")
min_col=2
max_col=3
min_row=1
max_row=5

areadata = np.matrix(np.zeros((max_row - min_row + 1, max_col - min_col +
```

```
1)), dtype=str)
for col in ws.iter_cols(min_col=min_col, max_col=max_col, min_row=min_row,
max_row=max_row):
    for cell in col:
        col_index = cell.col_idx  # 获取所在列数
        row_index = cell.row  # 获取所在行数
        areadata[row_index - min_row, col_index - min_col] = cell.value

print(areadata)
```

程序输出如下（部分输出）。

```
表名： ['豆瓣图书', '体测数据']
行数： 41
列数： 5
第一行（列名）： [None, 'titles', 'ratings', 'authors', 'details']
第二列： ['titles', '散步去', '地下铁道', '驻马店伤心故事集',...]
区域数据(1-5, 2-3)：
[['titles' 'ratings']
 ['散步去' '8.9']
 ['地下铁道' '9.1']
 ['驻马店伤心故事集' '8.9']
 ['草原动物园' '9.2']]
```

关于代码，必要的说明已经在注释中写好。这里再做以下几点解释。

- ws.iter_rows(min_row=1, max_row=1, max_col=5)

  ws 是指定的工作表，这里指豆瓣图书的工作表；iter_rows 表示按行迭代读取；后面的参数是对行列范围的限制，例如这里将 min_row、max_row 均设置为 1，表示仅读取第一行，max_col 设置为 5 代表最多读取到第 5 列。

- np.matrix

  这里使用 numpy 库的 matrix 来存储一定区域的数据，没有接触过的读者可能会有些看不懂。其实这里使用矩阵主要是为了方便输出和获取数据，如果只是查看的话，直接打印 cell.value 也是可以的。

这就是 openpyxl 查询数据的一些方法，它还提供其他一些关于电子表格的操作，建议有需求的读者阅读官方文档。下面介绍将其与 pandas 结合使用的方法。

（2）openpyxl 与 pandas

openpyxl 主要通过 dataframe_to_rows 来存储 pandas 里面的 DataFrame 数据，读取依旧是通过 pd.read_excel 实现的。

```
import os
import pandas as pd
from openpyxl import Workbook
from openpyxl.utils.dataframe import dataframe_to_rows

#  修改工作目录
if 'Myxlsxdata' not in os.listdir():
    os.mkdir('Myxlsxdata')
os.chdir('Myxlsxdata')

# 创建数据
data = {'代号': ['A', 'B', 'C', 'D'], '身高': [178, 177, 180, 175], '体重': [65,
 70, 64, 67]}
df = pd.DataFrame(data)

# 创建工作簿
wb = Workbook()
#  插入表
ws = wb.create_sheet("体测数据", 0)  # 0 代表在开头插入，默认在末尾插入
# 插入数据
for r in dataframe_to_rows(df, index=True, header=True):
    ws.append(r)


wb.save("pandas_openpyxl.xlsx")
```

```
# 读取
df = pd.read_excel('pandas_openpyxl.xlsx')
print(df)
```

运行输出如下。

```
  代号  体重   身高
0  A  65  178
1  B  70  177
2  C  64  180
3  D  67  175
```

（3）面向对象的文件操作

这里关于 xlsxwriter 和 openpyxl 的使用，已经覆盖了大部分对 XLSX 文件的操作，但是可以看到这些操作都是比较固定而且比较零散的。下面尝试将它们封装成类，即实现面向对象的文件操作。对于初学者，理解类和面向对象可能有些吃力，可以跳过这段直接学习后面的内容。关于面向对象，第 1 章也有简单的介绍，大家可参照着进行理解。当然，那只是十分浅显的介绍，要想深入了解面向对象的原理，还需要进一步的学习。

这里使用 openpyxl 进行数据的查询与获取操作，用 xlsxwriter 进行数据的写入，最后实现以 pandas 为桥梁的文件读写。

```
import os
import xlsxwriter
import numpy as np
import pandas as pd
from openpyxl import load_workbook


class MxlsxWB():
    def __init__(self, workpath=os.getcwd(), filename=None):
        self.workpath = workpath  # 默认在当前目录
        self.filename = filename
```

```
# 设置工作目录
def set_path(self, workpath):
    self.workpath = workpath
    os.chdir(self.workpath)

# 获取文件基本信息
def get_fileinfo(self):
    # print(self.filename)
    print("=" * 30, "FILE INFO", "=" * 30)  # 分割线
    self.wb = load_workbook(filename=self.filename)
    self.sheetnames = self.wb.get_sheet_names()
    print("文件" + self.filename + "共包含", len(self.sheetnames), "个工作表")
    print("表名为：", end=" ")
    for name in self.sheetnames:
        print(name, end=" ")
    print("\n")
    print("=" * 30, "END FILE INFO", "=" * 30)  # 分割线

# 选择工作表
def choose_sheet(self, sheetname=None):
    if sheetname == None:
        self.sheetname = self.sheetnames[0]

    self.sheetname = sheetname
    self.worksheet = self.wb[self.sheetname]

# 获取工作表基本信息
def get_sheetinfo(self):

    print("="*30, self.sheetname, "="*30) # 分割线

    self.num_of_rows = len(list(self.worksheet.rows))
    self.num_of_cols = len(list(self.worksheet.columns))
```

```
        print("行数: ", self.num_of_rows)
        print("列数: ", self.num_of_cols)
        print("列名: ", MxlsxWB.get_rowdata(self, rownum=1))

        print("="*30, self.sheetname, "="*30) # 分割线

    '''
    基于openpyxl进行数据的查询与获取
    '''

    # 获取单行数据
    def get_rowdata(self, rownum):
        rowdata = []
        for row in self.worksheet.iter_rows(min_row=rownum, max_row=rownum, m
ax_col=self.num_of_cols):
            for cell in row:
                rowdata.append(cell.value)
        # print(rowdata)
        return rowdata

    # 获取单列数据
    def get_coldata(self, colnum):
        coldata = []
        for col in self.worksheet.iter_cols(min_row=colnum, max_row=colnum, m
ax_col=self.num_of_rows):
            for cell in col:
                coldata.append(cell.value)
        # print(coldata)
        return col

    # 获取特定区域数据
    def get_areadata(self, min_row, max_row, min_col, max_col):
        print("=" * 30, "区域数据", "=" * 30)  # 分割线
```

```
        # 创建空的（全为 0）矩阵，数据类型指定为 str
        areadata = np.matrix(np.zeros((max_row-min_row+1, max_col-min_col+
1)), dtype=str)
        for col in self.worksheet.iter_cols(min_row=min_row, max_row=max_row,
          min_col= min_col, max_col=max_col):
            for cell in col:
                col_index = cell.col_idx
                row_index = cell.row
                areadata[row_index - min_row, col_index - min_col] = cell.value
        print(areadata)
        print("=" * 30, "区域数据", "=" * 30)  # 分割线

        return areadata

    '''基于 xlsxwriter—数据的写入'''

    def create_workbook(self, wb_name):
        if not '.xlsx' in wb_name:  # 如果忘记加后缀，自动补全
            self.wb = xlsxwriter.Workbook(wb_name+'.xlsx')
        self.wb = xlsxwriter.Workbook(wb_name)

    def create_worksheet(self, ws_name):
        self.worksheet = self.wb.add_worksheet(ws_name)

    # 写入列名,col_names 为列表
    def add_col_names(self, col_names):
        self.num_of_cols = len(col_names)
        for i in range(self.num_of_cols):
            self.worksheet.write(0,i,col_names[i])

    # 在第 colx 列，写入一列数据，如之前的图书标题列
    def add_coldata(self, data, colx):
        self.num_of_rows = len(data)
```

```
        for row in range(len(data)): # 不要覆盖标题列，所以下面 row+1
            self.worksheet.write(row+1, colx-1, data[row])

    # 在第 rowx 行，写入一行数据
    def add_rowdata(self, data, rowx):
        for col in range(self.num_of_cols):
            self.worksheet.write(rowx-1, col, data[col])

    def save(self):
        self.wb.close()

    '''基于 pandas 的文件读写'''

    def read_by_pandas(self, filename=None):
        if filename == None:
            filename = self.filename
        df = pd.read_excel(filename)

        print("="*10, "DataFrame From " +filename+":","="*10)
        print(df)
        print("="*10, "DataFrame From " +filename+":","="*10)

        return df

    def write_by_pandas(self,df,new_filename, new_sheetname):
        df.to_excel(new_filename, sheetname=new_sheetname)

if __name__ == '__main__':

    Demo = MxlsxWB(filename='pandas_simple.xlsx')
    Demo.set_path("Myxlsxdata")
    Demo.get_fileinfo()
    Demo.choose_sheet('豆瓣图书')
    Demo.get_sheetinfo()
```

```
    Demo.get_areadata(2, 3, 2, 3)
    Demo.create_workbook('Mxlsxclass.xlsx')
    Demo.create_worksheet('s1')
    Demo.add_col_names(['col1', 'col2'])
    Demo.add_coldata([1, 2, 3, 4, 5], 1)
    Demo.add_coldata([2, 3, 4, 5, 6], 2)
    Demo.save()

    Demo.read_by_pandas('Mxlsxclass.xlsx')
```

运行输出如下。

```
============================== FILE INFO ==============================
文件 pandas_simple.xlsx 共包含 1 个工作表
表名为:  豆瓣图书


============================== END FILE INFO ==============================
============================== 豆瓣图书 ==============================
行数:  41
列数:  5
列名:  [None, 'titles', 'ratings', 'authors', 'details']
============================== 豆瓣图书 ==============================
============================== 区域数据 ==============================
[['散步去' '8.9']
 ['地下铁道' '9.1']]
============================== 区域数据 ==============================
========== DataFrame From Mxlsxclass.xlsx: ==========
   col1  col2
0     1     2
1     2     3
2     3     4
3     4     5
4     5     6
========== DataFrame From Mxlsxclass.xlsx: ==========
```

查看生成的 Mxlsxclass.xlsx 文件，可以发现数据已经正确写入。

可以看到，通过定义这个类将一系列的操作封装进去，然后根据需要进行选择性的调用，不仅在很大程度上简化了操作，而且使得原本零散琐碎的操作变得整洁。

3.1.5 MySQL 数据库文件的存取

现在，已经介绍了基本的文件操作，以及 TXT、JSON、CSV、XLSX 文件的存取。一般对于比较小的数据，用这些就足够了，但是在存取较大的数据时，还是要优先选择数据库。接下来介绍如何利用 Python 操作 MySQL 数据库。在进行下面的测试前要为系统安装 MySQL 数据库以及为 Python 安装 PyMySQL 包。

1. 中文的编码问题

这部分内容是针对 Ubuntu 系统的，使用 Windows 和 Mac OS 系统的读者可以跳过。

这里使用的系统是 Ubuntu 16.04 LTS，在配置好 MySQL 数据库后，如果直接创建数据库，再创建数据表，那么是无法向字段插入中文的，会报 `Incorrect string value` 的错误。在这种情况下，一般在建立数据库和数据表的时候便设置好 UTF8 编码。下面是实现编码设置两种办法。

（1）动态设置

第一，创建数据库，代码如下。

```
CREATE DATABASE PyDataBase
CHARACTER SET 'utf8'
COLLATE 'utf8_general_ci';
```

第二，选择此数据库，代码如下。

```
USE PyDataBase;
```

第三，创建表，代码如下。

```
CREATE TABLE PyTable(
username VARCHAR(10),
useraddr VARCHAR(10)
)ENGINE=InnoDB DEFAULT CHARSET=utf8;
```

这样，就可以进行汉字的插入了。让我们来做个测试，如下所示。

```
INSERT INTO PyTable (username) VALUES ('员工一');
SELECT * FROM PyTable;
```

运行输出如下。

```
+-----------+----------+
| username  | useraddr |
+-----------+----------+
| 员工一    | NULL     |
+-----------+----------+
1 row in set (0.01 sec)
```

（2）改变默认编码

除在每次创建数据库和数据表时设置编码外，还可以通过修改 MySQL 配置文件将默认编码设置为 UTF8，从而省去每次设置编码的麻烦。

在 MySQL 下，先执行命令 `SHOW variables LIKE '%char%';`，从输出可以看到数据库的默认编码是 latin1，并不是 UTF8。接下来，以 root 身份，更改放在/etc/my.cnf 或者/etc/mysql/my.cnf 里的 MySQL 配置文件，添加以下指令并保存。

```
 [client]
default-character-set = utf8

[mysqld]
default-storage-engine = INNODB
character-set-server = utf8
collation-server = utf8_general_ci
```

之后，在终端命令行执行 `service mysql restart` 重启 MySQL。再次打

开数据库，执行命令 `SHOW variables LIKE '%char%';`，可以看到编码均已经设置为 UTF8。读者可以按照上面的测试方法进行测试，同样可以正确插入和显示中文。

注意：此步骤在 Ubuntu 16.04 LTS 英文版下测试通过，如果读者安装其他的版本可能略有不同，可参照其他方法改进。

2. PyMySQL 的使用

读者最好事先了解一些基本的 SQL 语句，当然，之前不了解的读者也可以尝试着去理解，因为根据 SQL 语句的语法一般都能猜出大概的意思。

让我们先和 PyMySQL 见个面吧。

```
import pymysql

# 创建连接
db = pymysql.connect(host="localhost", user="root", password="密码", db="PyD
ataBase", charset='utf8')
# 获取游标，用它来执行数据库的操作
cursor = db.cursor()

# 执行 SQL 语句
try:
    cursor.execute("SELECT VERSION()")  # execute 的参数为 SQL 语句
    data = cursor.fetchone()  # 获取数据
    print("Database version : %s " % data)

finally:
    # 关闭数据库连接
    db.close()
```

运行输出如下。

```
Database version : 5.7.18-0ubuntu0.16.04.1
```

下面进行简要解释。

- pymysql.connect

connect 的参数分别是选择本地主机、用户名（root）、密码、选择 PyDataBase 数据库（事先创建好）和编码（UTF8）。这是一些常用的参数，当然还可以根据需要设置其他参数。

- cursor

这里只需要将 cursor 看作操作数据库的一个工具或者介质。我们通过它执行一系列操作，例如执行 SQL 语句获取数据等。

- execute

用来执行 SQL 语句。要注意一点，为了更为规范，SQL 语句最好按照惯例大写，这与直接使用数据库是一样的。

- db.colse()

执行完对数据库的操作，要记得关闭数据库。

数据的增加、删除、修改及查询

通过下面的例子，来具体学习一些操作。

```
import pymysql


# 创建连接
db = pymysql.connect(host="localhost", user="root", password="密码", db="PyD
ataBase", charset='utf8')
# 获取游标，用它来执行数据库的操作
cursor = db.cursor()


#  打印列名与列定义
def print_colnames():
    cursor.execute("SHOW COLUMNS FROM Py_Create;")
    col_names = cursor.fetchall()
```

```
    print(col_names)
    return col_names

# 查询数据
def pritn_alldata():
    cursor.execute("SELECT * FROM Py_Create;")
    data = cursor.fetchall()  # 获取全部数据
    print("All data: ", data)
    return data

# 执行 SQL 语句
try:
    # 删除表
    # 在创建新表之前检查是否已经存在此表，若存在则先删除
    cursor.execute("DROP TABLE IF EXISTS Py_Create;")
    # 创建表
    cursor.execute("CREATE TABLE Py_Create(username VARCHAR (10), useraddr V
ARCHAR (20));")
    # 插入数据
    cursor.execute("INSERT INTO Py_Create (username,useraddr) VALUES ('员工一
', '中国');")
    cursor.execute("INSERT INTO Py_Create (username,useraddr) VALUES ('员工二
', '美国');")

    # 打印数据
    pritn_alldata()

    # 字段与记录的操作

    # 记录操作
    # 插入就是 INSERT 语句
    # 删除使用 where
    cursor.execute("DELETE FROM Py_Create WHERE useraddr='美国'")
```

```
    # 打印数据
    pritn_alldata()

    # 字段操作
    # 打印修改前的列
    print_colnames()

    # 删除列
    cursor.execute("ALTER TABLE Py_Create DROP username;")
    # 添加列
    cursor.execute("ALTER TABLE Py_Create ADD COLUMN (age TINYINT UNSIGNED);")

    # 打印修改后的列
    print_colnames()
    # 关闭 cursor
    cursor.close()

    # 提交上面的增删表和插入数据的操作到数据库
    db.commit()

except:
    db.rollback()
    print("ERROR!")

finally:
    # 关闭数据库连接
    db.close()
```

运行输出如下。

```
All data: (('员工一', '中国'), ('员工二', '美国'))
All data: (('员工一', '中国'),)
(('username', 'varchar(10)', 'YES', '', None, ''), ('useraddr', 'varchar(20)
', 'YES', '', None, ''))
(('useraddr', 'varchar(20)', 'YES', '', None, ''), ('age', 'tinyint(3) unsig
```

```
ned', 'YES', '', None, ''))
```

下面对代码进行简要介绍。

- finally

  有时会因为写错 SQL 语句等造成程序的异常退出，使得数据库没有断开连接。所以，使用 finally 可以在任何情况下保证程序退出时关闭数据库的连接。

- commit

  commit 代表提交事务，即让数据库真正执行之前的操作。例如在执行 insert 语句之后就 close，然后到数据库查看表，发现数据并未写入，这是初学者常犯的错误，大家要注意这点。当然，为了简化操作，我们也可以在开始连接数据库的时候设置 `autocommit=True` 来自动提交事务。

- rollback

  回滚，保证在 try 处执行 SQL 语句有任何错误就放弃执行，将数据库恢复到 try 之前的状态。

建议有 SQL 基础的读者尝试着将之前爬到的豆瓣图书的信息存到 MySQL 数据库中。当然，以上这些知识可能有些不够，建议不会的地方查看文档再次尝试。下面给出一种参考实现方法。

```
import pandas as pd
import pymysql

data = pd.read_csv('result.csv')
rows_num = data.shape[0]

# 创建连接
db = pymysql.connect(host="localhost", user="root", password="密码", db="PyD
ataBase", charset='utf8')
```

```
# 获取游标，用它来执行数据库的操作
cursor = db.cursor()

# 执行 sql 语句
try:
    # 删除表
    # 在创建新表之前检查是否已经存在此表，若存在则先删除
    cursor.execute("DROP TABLE IF EXISTS DOUBAN_BOOK;")
    # 创建表
    cursor.execute("CREATE TABLE DOUBAN_BOOK("
                   "img_urls VARCHAR (100), "
                   "titles VARCHAR (100),"
                   "ratings VARCHAR (20),"
                   "authors VARCHAR (100),"
                   "details VARCHAR (200));")

    for i in range(rows_num):
        sql = "INSERT INTO DOUBAN_BOOK (img_urls, titles, ratings, authors,
         details)VALUES (%s,%s,%s,%s,%s)"
        cursor.execute(sql, (data.ix[i,:][0],data.ix[i,:][1],data.ix[i,:][2],
data.ix[i,:][3],data.ix[i,:][4]))
        db.commit()

    cursor.close()

except:
    print("ERROR!")
    db.rollback()

finally:
    db.close()
```

在 MySQL 数据库检查可以看到数据已经成功写入。

实际上，除 MySQL 外，Python 几乎可以操作任何数据库，而且 Python 本身也内置了 SQLite 数据库，操作基本上是一致的，只是使用不同的第三方库来实现。

至此，我们利用 Python 进行文件存取的介绍基本到了尾声。回顾一下，使用 Python，我们可以十分方便地操作 TXT、CSV、JSON、XLSX 和数据库等文件，这也是 Python 被叫做胶水语言的原因之一。学会了文件存取，下一步将要学习的就是数据的清洗和一些数据的预处理操作了。

3.2 NumPy

3.2.1 NumPy 简介

在数据分析和科学计算的领域，NumPy 占据非常重要的地位。NumPy 使得 Python 具备了操作多维数组的功能，而且效率较高。至于高出多少，先用一个例子来看一下（例题和代码来自 NumPy Beginner’s Guide[Second Edition]）。

操作：有两列长度相等的数字，将其中一列每个数字进行平方运算，另一列每个数字进行立方运算，之后两列相加。

测试每列数字的长度在 0~10000 之间时，分别使用纯 Python 的 list 和 NumPy 的 array 进行运算的时间，结果如图 3-3 所示（测试代码会在本节最后给出）。

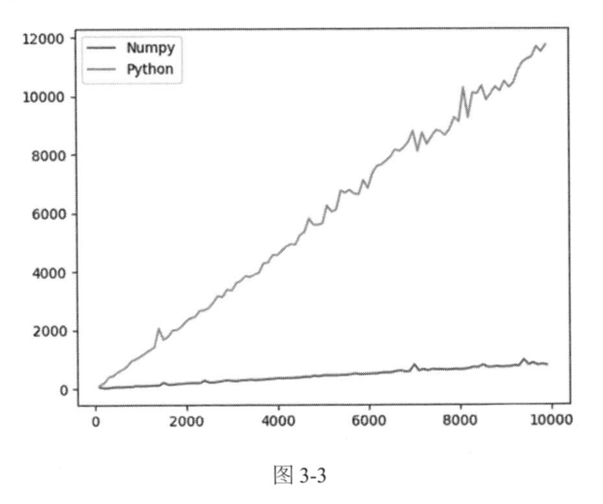

图 3-3

可以看到，随着数列的规模扩大，使用 list 的消耗几乎与数列规模成正比；而 array 的消耗却始终维持在一个较低的水平，并未随着操作规模的变大而急剧攀升。这样优越的性能使得 NumPy 广受 Python 爱好者的欢迎。

另外，配合 SciPy 库中另外一些工具，Python 的计算和数据处理能力几乎可以比肩 MATLAB。实际上，NumPy 的语法和 MATLAB 有些相似。在实现一些算法和进行数值计算时经常会用到 NumPy，下面介绍它的基本操作。

3.2.2 NumPy 基本操作

1. 数组的创建

可以使用多种方法获取一个数组，这些方法可以分为直接获取和间接获取。

直接获取是利用 NumPy 专门提供的函数 `np.arange` 和 `np.linspace` 实现的，如下所示。

```
In [77]: narr = np.arange(0,10,1)

In [78]: narr
Out[78]: array([0, 1, 2, 3, 4, 5, 6, 7, 8, 9])

In [79]: narr = np.arange(0,1,0.1)

In [80]: narr
Out[80]: array([ 0\. ,  0.1,  0.2,  0.3,  0.4,  0.5,  0.6,  0.7,  0.8,  0.9])
```

注意这里的 `np.array` 的步长是可以取小数的，这在 Python 自带的 range 里面是不允许的（后者步长必须为整数）。也可以用 `np.linspace` 获得相同的结果，如下所示。

```
In [85]: narr = np.linspace(0,1,10,endpoint=False)

In [86]: narr
Out[86]: array([ 0\. ,  0.1,  0.2,  0.3,  0.4,  0.5,  0.6,  0.7,  0.8,  0.9])
```

这里 0、1、10 分别代表起始点、终点和要通过分割得到的数据个数。最后的 `endpoint` 表示是否包含终点，默认是 True，即包含；也可以根据需要设置为 False，即不包含。

除通过上述方法直接得到数组外，还可以通过 Python 的 list、tuple 等来获取数组，代码如下。

```
In [62]: import numpy as np

In [63]: narr = np.array([1,2,3])

In [64]: narr
Out[64]: array([1, 2, 3])

In [65]: narr = np.array((1,2,3))

In [66]: narr
Out[66]: array([1, 2, 3])

In [67]: narr = np.array([[1,2,3], [4,5,6]])

In [68]: narr
Out[68]:
array([[1, 2, 3],
       [4, 5, 6]])

In [69]: narr = np.array([(1,2,3), (4,5,6)])

In [70]: narr
Out[70]:
array([[1, 2, 3],
       [4, 5, 6]])

In [71]: narr = np.array(((1,2,3), (4,5,6)))
```

```
In [72]: narr
Out[72]:
array([[1, 2, 3],
       [4, 5, 6]])
```

除此之外，还可以通过 array 本身构成新的 array，如下所示。

```
In [95]: narr1 = np.array([1,2,3])

In [96]: narr2 = np.array([4,5,6])

In [97]: narr = np.array([narr1, narr2])

In [98]: narr
Out[98]:
array([[1, 2, 3],
       [4, 5, 6]])

In [100]: narr = np.array([np.arange(2), np.arange(2)])

In [101]: narr
Out[101]:
array([[0, 1],
       [0, 1]])
```

NumPy 也内置了一些建立特殊数组的函数，如下所示。

```
In [160]: np.zeros((2,3))
Out[160]:
array([[ 0.,  0.,  0.],
       [ 0.,  0.,  0.]])

In [161]: np.ones((2,3))
Out[161]:
array([[ 1.,  1.,  1.],
```

```
       [ 1.,  1.,  1.]])


In [164]: np.eye(3)
Out[164]:
array([[ 1.,  0.,  0.],
       [ 0.,  1.,  0.],
       [ 0.,  0.,  1.]])
```

注意：由于 NumPy 操作内容较多，一般很难一次记住这些内容。所以，读者自己测试一遍后有个大概的认识，具体用到的时候再回头查找即可。若是平时用的多，慢慢也就记住了。总之，类似这种较为固定的操作，不需要刻意记忆。

2. 数组的属性

创建数组后，在进一步地操作之前，先来看一下它的一些属性。常用的属性就是 `shape` 和 `dtype`，下面分别来学习下这些属性，并了解他们的应用方法，首先是 `dtype`：

```
In [3]: narr = np.array([1,2,3,4])


In [4]: narr.dtype
Out[4]: dtype('int64')
```

至于 `dtype`，就是在数组创建的时候赋予的，之前没有指定类型，都是通过系统默认指定数据类型。特殊情况下，可以根据需要手动将其指定为某些数据类型。NumPy 提供了极其丰富的数据类型以适应可能遇到的各种需求，可以通过 `print(np.sctypeDict)` 查看所有的类型。

一般指定方法也是比较简单的，如下所示。

```
In [5]: narr = np.array([1,2,3,4], dtype='float64')


In [6]: narr.dtype
```

```
Out[6]: dtype('float64')
```

这样可以保证根据需要选择合适的数据类型并有效地节约内存。另外，有时候还可以根据需求自定义一个数据类型，如下所示。

```
In [19]: studenttype = np.dtype([('姓名', 'str', 5), ('学号', 'int8'),
('绩点','float')])

In [20]: classx = np.array([('学生一', '1', '3.0'),
('学生二', '2', '3.1')],dtype = studenttype)

In [21]: classx
Out[21]:
array([('学生一', 1, 3.0), ('学生二', 2, 3.1)],
      dtype=[('姓名', '<U5'), ('学号', 'i1'), ('绩点', '<f8')])
```

这样，不仅指定了数据类型，而且为索引提供了便利，如下所示。

```
In [7]: classx[0]
Out[7]: ('学生一', 1, 3.0)

In [8]: classx[0][0]
Out[8]: '学生一'

In [9]: classx[0]['姓名']
Out[9]: '学生一'
```

接下来介绍 `shape`，它用于描述数组的形状。一般来讲，`shape` 返回的是每个轴上数据的个数。如果数据集为二维数据集，那么可以将它的两个维度分别看作是数据集的行和列，如下所示。

```
In [13]: np.ones((3,5))
Out[13]:
array([[ 1.,  1.,  1.,  1.,  1.],
       [ 1.,  1.,  1.,  1.,  1.],
       [ 1.,  1.,  1.,  1.,  1.]])
```

```
In [14]: np.ones((3,5)).shape
Out[14]: (3, 5)
```

也可以用 `reshape` 来改变数组的形状，如下所示。

```
In [15]: np.ones((3,5)).reshape(1,15)
Out[15]:
array([[ 1.,  1.,  1.,  1.,  1.,  1.,  1.,  1.,  1.,  1.,  1.,  1.,  1.,
         1.,  1.]])
```

最后，想要提醒读者这里有一个不易察觉的“属性”，观察下面这段代码。

```
In [16]: na = np.array([1,2,3,4])

In [17]: nb = na

In [18]: na[0] = 0
```

想一下，最后的 `na` 和 `nb` 是什么？读者可以试一下，看和自己想的是否一致，答案如下。

```
In [19]: na
Out[19]: array([0, 2, 3, 4])

In [20]: nb
Out[20]: array([0, 2, 3, 4])
```

有没有发现“奇怪”的事情？没错，我们并没有修改 `nb`，但是它还是改变了！这是因为在赋值操作 `nb=na` 那里，并没有真正复制，它们只是共享了一块内存，所以输出的内容是一致的。本质上讲，`na` 和 `nb` 只是同一内容的两个名字（通常称 `nb` 为 `na` 的一个 view）。接下来通过 Python 的内建函数 `id` 来检查下，如下所示。

```
In [21]: id(na)
Out[21]: 140334995507040
```

```
In [22]: id(nb)
Out[22]: 140334995507040

In [23]: id(na) == id(nb)
Out[23]: True
```

`id` 函数返回的数字可以看作是变量在程序中的唯一标识（类似 C 和 C++中内存地址的概念），可以看到 `na` 、`nb` 确实是同一个数据。但是，只有在直接赋值的时候才会发生这种情况，涉及其他操作就不会这样了，如下所示。

```
In [30]: na
Out[30]: array([1, 2, 3, 4])

In [31]: nb = na + 1

In [32]: na[0] = 0

In [33]: na
Out[33]: array([0, 2, 3, 4])

In [34]: nb
Out[34]: array([2, 3, 4, 5])
```

除此之外，也可以改变方式保证其在赋值的时候是真正的复制，如下所示

```
nb = na.copy()
```

读者可自行验证一下：改变 na 后是不会改变 nb 的。其他一些情况也会产生 view 而不是 copy，但是一般用的不多，而且它们本身并不会造成太大的影响。这就是数组的几个属性，下面学习一些常用的操作。

3. 数组的操作

先来看看一维数组的切片和索引。

```
In [61]: na = np.arange(10)
```

```
In [62]: na
Out[62]: array([0, 1, 2, 3, 4, 5, 6, 7, 8, 9])

In [63]: na[0]
Out[63]: 0

In [64]: na[[0,1,2,3,4]]
Out[64]: array([0, 1, 2, 3, 4])

In [65]: na[1:10]
Out[65]: array([1, 2, 3, 4, 5, 6, 7, 8, 9])

In [66]: na[1:10:2]
Out[66]: array([1, 3, 5, 7, 9])
```

接下来，分别对四个操作进行简单说明（注意索引和 list 一样是从 0 开始的）。

- na[0]

  []内的内容为 0，表示取出第 1 个元素，视为单个元素的索引。

- na[[0,1,2,3,4]]

  []内的内容为[0,1,2,3,4]，表示取出第 1、2、3、4、5 个元素，并将结果一起返回（array 形式），视为多个元素的索引。

- na[1:10]

  表示取出第 2 到第 10 个元素。其中 1 为切片起点（如不指定则默认为 0），10 为终点（不含 10），如不指定则默认为 10，默认步长为 1。

- na[1:10:2]

  表示在第 2 到第 10 个元素中，每两个元素取一个。2 表示步长为 2（如不指定则默认为 1）。

基于此，这里有多种方法来获取需要的数据，如下所示。

```
In [69]: na[:]
Out[69]: array([0, 1, 2, 3, 4, 5, 6, 7, 8, 9])

In [70]: na[::-1]
Out[70]: array([9, 8, 7, 6, 5, 4, 3, 2, 1, 0])

In [71]: na[::2]
Out[71]: array([0, 2, 4, 6, 8])
```

下面来看多维数组的一些操作，如下所示。

```
In [85]: mul_arr = np.array([[1,2,3,4], [5,6,7,8]])


In [86]: mul_arr
Out[86]:
array([[1, 2, 3, 4],
       [5, 6, 7, 8]])

In [87]: mul_arr[0,0]
Out[87]: 1

In [88]: mul_arr[0,:]
Out[88]: array([1, 2, 3, 4])

In [89]: mul_arr[:,0]
Out[89]: array([1, 5])

In [90]: mul_arr[0:2,0:2]
Out[90]:
array([[1, 2],
       [5, 6]])
```

多维数组的操作和一维是类似的，同样都是以 0 为索引起点，“:”代表选取所有元素。注意这里有两个轴，索引和切片都要分别进行，中间用逗号分隔。

数组还可以简便地进行一系列的数学运算，如下所示。

```
In [111]: na = np.array([1,2,3,4])


In [112]: nb = np.array([2,3,4,5])


In [113]: na
Out[113]: array([1, 2, 3, 4])


In [114]: nb
Out[114]: array([2, 3, 4, 5])


In [115]: na + nb
Out[115]: array([3, 5, 7, 9])


In [116]: na - nb
Out[116]: array([-1, -1, -1, -1])


In [117]: na * nb
Out[117]: array([ 2,  6, 12, 20])


In [118]: na ** nb
Out[118]: array([   1,    8,   81, 1024])


In [119]: na / nb
Out[119]: array([ 0.5       , 0.66666667,  0.75      , 0.8       ])
```

当然数组本身也有许多内置的方法，如下所示。

```
In [126]: na = np.array([-1,0,1,2])


In [127]: na.min()
Out[127]: -1


In [128]: na.max()
```

```
Out[128]: 2

In [129]: na.mean()
Out[129]: 0.5

In [130]: na.sum()
Out[130]: 2
```

至此介绍了 NumPy 中数组的创建方法，数组的属性和一些元素获取及数学运算的操作，这些都是在进行数据分析和科学计算时经常要用到的。除此之外，NumPy 还有许多强大的功能，读者可阅读相关文档进行拓展学习。

最后，附上本书开始计算 NumPy 时间效率的代码，这对初学者可能有些困难，感兴趣的读者可以钻研一下，或者自己写一个类似的测试。

```
import sys
from datetime import datetime
import numpy as np
import matplotlib.pyplot as plt

#使用 NumPy 计算
def numpysum(n):
    a = np.arange(n)**2
    b = np.arange(n)**3
    c  =a + b
    return c

# 使用 Python 计算
def pythonsum(n):
   # 这里由于源码为 Python 2 的，python 3 中 range 的用法有变，不再直接返回列表
   # 所以强制转化列表
   a = list(range(n))
   b = list(range(n))
   c = []
   for i in range(len(a)):
```

```
        a[i] = i ** 2
        b[i] = i ** 3
        c.append(a[i] + b[i])
    return c

# prt 表示是否打印结果
def printest(func, size, prt=True):
    start = datetime.now()
    c = func(size)
    delta = datetime.now() - start
    if prt==True:
        print("The last 2 elements of the sum ", c[-2:])
        print('Elapsed time in microsecondas ', delta.microseconds)
    return delta.microseconds

# 用于作 n-time 图
def timeplot():
    pts = []
    for i in range(100, 10000, 100):
        t_numpy = printest(numpysum, i, prt=False)
        t_python = printest(pythonsum, i, prt=False)
        pts.append([t_numpy, t_python])
    plt.plot(pts)
    plt.legend(['Numpy', 'Python'])
    plt.show()

if __name__=='__main__':
    size = int(sys.argv[1])
    print('Numpysum...')
    printest(numpysum, size)
    print('Pythonsum...')
    printest(pythonsum, size)
    timeplot()
```

打开终端，进入当前目录，执行如下命令。

```
python Speed.py 10000
```

运行输出如下。

```
Numpysum...
The last 2 elements of the sum  [999500079996 999800010000]
Elapsed time in microsecondas  985
Pythonsum...
The last 2 elements of the sum  [999500079996, 999800010000]
Elapsed time in microsecondas  12150
```

3.3 pandas

3.3.1 pandas 简介

使用 Python 进行数据分析必不可少的一个包就是 pandas，它建立在 NumPy 库之上，为了能灵活地操作数据而提供了很多专门的方法，十分方便。读者可以发现，在前面的爬虫、数据的存取中已经多次使用了 pandas，而且在之后处理数据和可视化中 pandas 也扮演着十分重要的角色。一般来说，pandas 的使用贯穿整个数据分析过程的始终，所以在此进行简单的介绍。建议想深入学习 pandas 的读者阅读《利用 Python 进行数据分析》（*Python for Data Analysis*），其内容丰富且实用，本书也从中得到很多启发。

pandas 大致分为三种数据结构：一维的 Series、二维的 DataFrame（类似 R 语言中的 data.frame），以及三维的 Panel，这里主要介绍用得最多的 Series 和 DataFrame 在数据的选择、过滤等操作。除此之外，pandas 还可以和 seaborn 和 +atplotlib 配合实现强大的可视化功能，这点会在第 4 章介绍。

一般情况下，可以通过下面这样的方式引入 pandas 包：

```
In [1]: import pandas as pd
```

```
In [2]: from pandas import Series, DataFrame
```

下面介绍具体的操作方法。

3.3.2 Series 与 DataFrame 的使用

1. Series

（1）创建

Series 保存的是一维的数据，而因为 pandas 本身是建立在 NumPy 之上，所以 NumPy 中的一维数组都可以转化为 Series，而 NumPy 中一维数组的创建我们已经介绍过了，这里不多做解释。以下为常用的几种方法。

```
In [3]: Series([1,2,3])
Out[3]:
0    1
1    2
2    3
dtype: int64

In [4]: Series((1,2,3))
Out[4]:
0    1
1    2
2    3
dtype: int64

In [5]: Series([1,2,3], index=['a', 'b', 'c'])
Out[5]:
a    1
b    2
c    3
dtype: int64
```

可以通过列表和数组直接创建 Series，默认的索引（index）是从 0 开始的整数序列，我们也可以在创建的时候通过 index 参数指定索引数据。

另一种创建 Series 的方法就是 Python 自带的字典了，如下所示。

```
In [6]: d1 = {'a':1, 'b':2, 'c':3}


In [7]: Series(d1)
Out[7]:
a    1
b    2
c    3
dtype: int64


In [8]: d1.keys()
Out[8]: dict_keys(['a', 'b', 'c'])


In [9]: Series(d1).index
Out[9]: Index(['a', 'b', 'c'], dtype='object')
```

可以看到，这里已经默认将字典的 keys 设置为索引。

在创建数组后也可以对它们的一些属性进行修改，如下所示。

```
In [10]: s1 = Series(d1)
In [11]: s1.index
Out[11]: Index(['a', 'b', 'c'], dtype='object')


In [12]: s1.index = [0,1,2]


In [13]: s1
Out[14]:
0    1
1    2
2    3
dtype: int64
```

```
In [15]: s1
Out[15]:
0    1
1    2
2    3
dtype: int64

In [16]: s1.index.name = "Index"

In [16]: s1.name = "Series1"

In [17]: s1
Out[17]:
Index
0    1
1    2
2    3
Name: Series1, dtype: int64
```

通过 index 可以直接修改索引列的内容，也可以为索引和 Series 本身加上名字以便识别。

（2）索引

创建之后，要怎样通过索引来提取特定的数据呢？读者如果明白了 NumPy 的索引，这里就十分简单了。

```
In [18]: s1
Out[18]:
a    1
b    2
c    3
dtype: int64

In [19]: s1['a']
```

```
Out[19]: 1

In [20]: s1[0]
Out[20]: 1

In [21]: s1[0:2]
Out[21]:
a    1
b    2
dtype: int64
```

是不是感觉和 NumPy 很相似呢？其实在 Series 内部，数据就是以 NumPy 数组的形式存储的，如下所示。

```
In [22]: s1.values
Out[22]: array([1, 2, 3])

In [23]: type(s1.values)
Out[23]: numpy.ndarray
```

（3）数据结构转换

Series 还可以转化为多种数据类型，如下所示。

s1.to_string()：转化为字符串。

s1.to_dict():转化为字典。

s1.tolist():转化为列表。

s1.to_json():转化为 JSON。

s1.to_frame():转化为 DataFrame。

s1.to_csv():存储为 CSV 文件格式。

这里就不一一示范了，希望读者能自行尝试查看输出的形式并思考这些转化的用途。

注意：pandas 的用法很灵活，很多操作都有相应的函数可以实现，例如上面的数据类型的转换。在学习的时候要学会自行探索，当想要实现什么功能时先看下有没有写好接口可以用。

2. DataFrame

DataFrame 存储的是二维的数据，可以将其看作一张表。类似数据库里面的数据表，表中每一列的数据类型是一致的。

（1）创建

除从 CSV 等文件直接读取为 DataFrame 外，还可以通过字典的方式创建 DataFrame，如下所示。

```
In [25]: d2 = {'prev':[-3,-2,-1], 'now':[0,0,0], 'next':[1,2,3]}


In [26]: df = DataFrame(d2)


In [27]: df
Out[27]:
   next  now  prev
0     1    0    -3
1     2    0    -2
2     3    0    -1
```

注意这里作为字典值的列表，其长度必须一致，否则会出现如下的报错。

```
ValueError: arrays must all be same length
```

在创建完成后，也可以根据需要进行一些修改，例如将列按照 prev、now、next 的顺序排列，如下所示。

```
In [28]: df.columns
Out[28]: Index(['next', 'now', 'prev'], dtype='object')


In [29]: df.columns = ['prev', 'now', 'next']
```

```
In [30]: df
Out[30]:
   prev  now  next
0     1    0    -3
1     2    0    -2
2     3    0    -1
```

在上述代码中，先查看列名，之后根据需要指定列名的顺序。

类似 Series，也可以为 DataFrame 加上一些名字便于识别，如下所示。

```
In [31]: df.columns.name = 'Time'

In [32]: df.index.name = 'Index'

In [33]: df
Out[33]:
Time   prev  now  next
Index
0         1    0    -3
1         2    0    -2
2         3    0    -1
```

（2）行列索引

对于单列的索引有多种实现方法，如下所示。

```
In [88]: df.prev
Out[88]:
Index
0    1
1    2
2    3
Name: prev, dtype: int64

In [89]: df['prev']
```

```
Out[89]:
Index
0    1
1    2
2    3
Name: prev, dtype: int64
```

对于多列的索引，实现方法如下。

```
In [90]: df[['prev', 'next']]
Out[90]:
Time   prev  next
Index
0         1    -3
1         2    -2
2         3    -1

In [91]: df.columns
Out[91]: Index(['prev', 'now', 'next'], dtype='object', name='Time')

In [92]: df.columns[:2]
Out[92]: Index(['prev', 'now'], dtype='object', name='Time')

In [93]: df[df.columns[:2]]
Out[93]:
Time  prev  now
a        1    0
b        2    0
c        3    0
```

对行的索引有多种实现方法，如下所示。

```
In [102]: df.index = ['a', 'b', 'c']

In [103]: df
Out[103]:
```

```
Time  prev  now  next
a        1    0   -3
b        2    0   -2
c        3    0   -1
```

为了便于展示，我们修改了 df 的索引。下面是对单行索引的操作。

```
In [104]: df.ix[0]
Out[104]:
Time
prev    1
now     0
next   -3
Name: a, dtype: int64

In [105]: df.ix['a']
Out[105]:
Time
prev    1
now     0
next   -3
Name: a, dtype: int64
```

下面是对多行索引的操作。

```
In [106]: df.ix[0:2]
Out[106]:
Time  prev  now  next
a        1    0   -3
b        2    0   -2

In [107]: df.ix[['a', 'b']]
Out[107]:
Time  prev  now  next
a        1    0   -3
b        2    0   -2
```

可以将 DataFrame 看作多个 Series 的组合，DataFrame 有一些和 Series 一样的性质，如下所示。

```
In [126]: df.values
Out[126]:
array([[ 1,  0, -3],
       [ 2,  0, -2],
       [ 3,  0, -1]])

In [127]: type(df.values)
Out[127]: numpy.ndarray
```

这里 df.values 返回的仍然是一个 NumPy 数组。而且 DataFrame 和 Series 一样可以方便地转化为多种数据结构。

```
In [138]: df.to_json()
Out[138]: '{"prev":{"a":1,"b":2,"c":3},"now":{"a":0,"b":0,"c":0},"next":{"
a":-3,"b":-2,"c":-1}}'

In [139]: df.to_dict()
Out[139]:
{'next': {'a': -3, 'b': -2, 'c': -1},
 'now': {'a': 0, 'b': 0, 'c': 0},
 'prev': {'a': 1, 'b': 2, 'c': 3}}

 In [140]: df.to_latex()
 Out[140]: '\\begin{tabular}{lrrr}\n\\toprule\nTime &  prev &
 now &  next \\\\\n\\midrule\na &     1 &    0 &    -3 \\\\\n
 b &     2 &    0 &    -2 \\\\\nc &     3 &    0 &    -1 \\\\\n\\bottomrule
 \n\\end{tabular}\n'
```

要注意的是，这里少了 tolist，因为二维数据是不能直接转化为一维数据的。此外的，DataFrame 添加了 to_latex 和前面已经提到的 to_excel 等方法。

虽然分别介绍了行和列的索引方法，但是有时候我们需要同时指定行列进行索引。当然也可以分成两步分别应用上面的行索引和列索引达到目的，但是略显烦琐。一般可以选择使用 pandas 提供的 loc、iloc 和 ix 方法进行操作。

loc 使用行列的标签进行索引，如下所示。

```
In [156]: df.loc['a':'c', 'prev']
Out[156]:
a    1
b    2
c    3
Name: prev, dtype: int64
```

iloc 使用整数进行索引，如下所示。

```
In [158]: df.iloc[0:3, 0]
Out[158]:
a    1
b    2
c    3
Name: prev, dtype: int64
```

ix 算是 loc 和 iloc 的整合，可以混合使用整数和标签进行索引，如下所示。

```
In [159]: df.ix[0:3, 0]
Out[159]:
a    1
b    2
c    3
Name: prev, dtype: int64

In [160]: df.ix[0:3, 'prev']
Out[160]:
a    1
b    2
c    3
Name: prev, dtype: int64
```

最后，在获取单个数据的时候，可以通过上述方法指定行列，也可以通过下面的方法实现。

```
In [174]: df.get_value('a', 'prev')
Out[174]: 1

In [175]: df.at['a', 'prev']
Out[175]: 1

In [176]: df.iat[0,0]
Out[176]: 1
```

3.3.3 布尔值数组与函数应用

1. 基于布尔值数组的条件过滤

可以通过一些条件来获取布尔值数组，之后进行索引操作以获取符合条件的数据，如下所示。

```
In [220]: df['prev'] >= 2
Out[220]:
a    False
b     True
c     True
Name: prev, dtype: bool

In [221]: df[df['prev'] >= 2]
Out[221]:
Time  prev  now  next
b        2    0    -2
c        3    0    -1
```

有时候可能有多个条件，如下所示。

```
In [224]: df[(df['prev'] >= 2) & (df['next']>=-2)]
Out[224]:
```

```
Time  prev  now  next
b        2   0    -2
c        3   0    -1
```

可以看到，这样已经略显烦琐，再有新的条件加入的话，代码的可读性就很不好了，这时候一般用 `query()` 来简化程序，如下所示。

```
In [225]: df.query("prev>=2 and next>=-2")
Out[225]:
Time  prev  now  next
b        2   0    -2
c        3   0    -1

In [228]: df.query("(prev>=3 and next>=-2) or prev==1")
Out[228]:
Time  prev  now  next
a        1   0    -3
c        3   0    -1
```

有时候，用于条件过滤的值是来自之前程序得到的变量，那么可以在此变量前加上 `@` 后再写入 query 的表达式，如下所示。

```
In [229]: g_value = 3

In [230]: df.query("(prev>=@g_value and next>=-2) or prev==1")
Out[230]:
Time  prev  now  next
a        1   0    -3
c        3   0    -1
```

2. 函数应用

与 Numpy 中的数组类似，DataFrame 的数据也是分轴的，一般默认为 0，为纵轴，即列；1 为横轴，即行。函数运算示例代码如下。

```
In [239]: df.sum()
Out[239]:
```

```
Time
prev    6
now     0
next   -6
dtype: int64

In [240]: df.sum(axis=0)
Out[240]:
Time
prev    6
now     0
next   -6
dtype: int64

In [241]: df.sum(axis=1)
Out[241]:
a   -2
b    0
c    2
dtype: int6
```

类似的函数还有，df.mean()、df.max()、df.min()等，用法是一样的。此外，describe()可以列举一些统计量，很好地描述分类型变量和数值型变量的情况，如下所示。

```
In [249]: df1 = DataFrame({'col1':['a', 'a', 'b'], 'col2':['b', 'b', 'a']})

In [250]: df1
Out[250]:
  col1 col2
0    a    b
1    a    b
2    b    a
```

```
In [251]: df1.describe()
Out[251]:
       col1 col2
count     3    3
unique    2    2
top       a    b
freq      2    2

In [252]: df.describe()
Out[252]:
Time   prev  now  next
count   3.0  3.0   3.0
mean    2.0  0.0  -2.0
std     1.0  0.0   1.0
min     1.0  0.0  -3.0
25%     1.5  0.0  -2.5
50%     2.0  0.0  -2.0
75%     2.5  0.0  -1.5
max     3.0  0.0  -1.0
```

系统还提供了丰富的方法来操作数据，这里就不再一一介绍了。有时候，根据需要可以自定义一些函数。

对于 Series 而言，一般使用 map 表示对其中每一个元素进行同样的操作（element-wise），如下所示。

```
In [266]: s1
Out[266]:
Index
0    1
1    2
2    3
Name: Series1, dtype: int64


In [267]: def add_one(x):
```

```
    ...:     return x+1
    ...:

In [268]: s1.map(add_one)
Out[268]:
Index
0    2
1    3
2    4
Name: Series1, dtype: int64
```

对于 DataFrame 而言，有两种方法来应用自定义的函数。一种是 apply，是基于对整行或者整列（1D arrays）的操作，类似内置的 mean、sum 等函数。apply 的使用示例代码如下。

```
In [271]: def rangex(x):
    ...:     return x.max() - x.min()
    ...:

In [272]: df.apply(rangex)
Out[272]:
Time
prev    2
now     0
next    2
dtype: int64

In [273]: df.apply(rangex, axis=1)
Out[273]:
a    4
b    4
c    4
dtype: int64
```

另一种是 applymap，用于对 DataFrame 的每个数据进行相同的操作，相当于

Series 中的 map。applymap 使用示例代码如下。

```
In [274]: df.applymap(add_one)
Out[274]:
Time  prev  now  next
a        2    1    -2
b        3    1    -1
c        4    1     0
```

至此，已经完成了对 pandas 基本数据结构和基本操作的介绍。

3.4 数据的清洗

数据的清洗工作，在整个数据分析的流程中占据重要的地位，需要消耗大量的时间和精力。因为数据没有清洗干净会为后续的分析造成很多不必要的麻烦，严重时还可能得到错误的分析结果，事倍功半。所以数据的清洗是非常值得重视的。作为数据分析的入门书，这里将以 pandas 库为主，介绍一些常用的、清洗数据的方法。

3.4.1 编码问题

我们接触到的数据中有时会包含大量的文本数据，而文本数据的编码是大多数人都感到头疼的事情。其实，在介绍爬虫的时候，获取网页数据可以通过 chardet 检测编码来确保编码的正确性。当然在编写爬虫程序时，这是一种极为有效的办法。这里介绍另一种方法来解决更加普遍的编码问题，那就是 ftfy 库。

先来看一个简单的爬虫。

```
In [5]: import requests

In [6]: data = requests.get('http://www.baidu.com')

In [7]: data
```

```
Out[7]: <Response [200]>

In [8]: data.text()
```

运行输出如下所示（部分）。

```
class=cp-feedback>æ\x84\x8fè§\x81å\x8f\x8dé¦\x88</a> ä°¬ICPè¯\x810301
73å\x8f•  <img src=//www.baidu.com/img
/gs.gif> </p> </div> </div> </div> </
body> </html>\r\n'
```

相信读者对这段代码已经非常熟悉了，程序只是简单地请求了百度主页的内容。但是从结果可以看出，输出的文本并没有中文，显然存在编码问题。

用 ftfy 解决问题的代码如下。

```
In [15]: from ftfy import fix_text

In [16]: fix_text(data.text)
```

运行输出如下所示（部分）。

```
;<a href=http://www.baidu.com/duty/>使用百度前必读</a>  <a href=http://jianyi.
baidu.com/class=cp-feedback>意见反馈</a> 京 ICP 证 030173 号  <img
src=//www.baidu.com/img/gs.gif> </p> </div> </div> </div> </body> </html>\n
```

可以看到，只需要简单的调用另外一行代码就可以修复编码问题。ftfy 还有许多其他的特性，就不再介绍。如果读者在工作中需要处理更复杂的编码问题，可以参考 ftfy 官方文档进行进一步学习。

3.4.2 缺失值的检测与处理

缺失值的检测，代码如下。

```
In [37]: df = DataFrame({'c1':[0,1,2,None], 'c2':[1,None,2, 3]})

In [38]: df
Out[38]:
```

```
   c1   c2
0  0.0  1.0
1  1.0  NaN
2  2.0  2.0
3  NaN  3.0

In [39]: df.isnull()
Out[39]:
      c1     c2
0  False  False
1  False   True
2  False  False
3   True  False

In [40]: df.isnull().sum()
Out[40]:
c1    1
c2    1
dtype: int64
```

可以看到 Python 中的 None 在 pandas 被识别为缺失值 NaN（Not a Number），而且我们可以通过 `isnull()` 进行检测。再通过 `sum()`，可以得到行或者列的缺失值汇总。在当前列缺失值不太多的时候，可以通过多种方法进行缺失值的填充。

可以直接指定特定的值来填补缺失值，如下所示。

```
In [57]: df.fillna('missing')
Out[57]:
        c1       c2
0        0        1
1        1  missing
2        2        2
3  missing        3
```

```
In [58]: df.fillna(df.mean())
Out[58]:
   c1  c2
0  0.0  1.0
1  1.0  2.0
2  2.0  2.0
3  1.0  3.0
```

也可以指定相应的方法，根据周围的值来填补缺失值，如下所示。

```
In [68]: df.ix[0,1] = None


In [69]: df
Out[69]:
   c1  c2
0  0.0  NaN
1  1.0  NaN
2  2.0  2.0
3  NaN  3.0

In [70]: df.fillna(method="bfill", limit=1)
Out[70]:
   c1  c2
0  0.0  NaN
1  1.0  2.0
2  2.0  2.0
3  NaN  3.0
```

下面进行简要说明。

- bfill

这里指定了 bfill（back fill）方法进行填充，即为使用缺失值后面的数据进行填充，如第二列第二个缺失值，就被填充为其后面的 2.0，而第一列的缺失值后面没有值，就继续保持缺失状态。类似的填充方法还有 ffill，用其前面的值进行填充。

- limit

使用 limit 是为了限制连续填充。这里选择 1 表示一列中有多个缺失值相邻时，只填充最近的一个缺失值。

另外，可以根据需要指定一些专门的插值方法进行插值，如下所示。

```
In [106]: df = DataFrame({'one':np.arange(0,0.7,0.1), 'two':np.arange(1,1.7,
0.1)})

In [107]: df.ix[1:3, 0:2] = None

In [108]: df
Out[108]:
   one  two
0  0.0  1.0
1  NaN  NaN
2  NaN  NaN
3  NaN  NaN
4  0.4  1.4
5  0.5  1.5
6  0.6  1.6

In [109]: df.interpolate(method="polynomial", order=2)
Out[109]:
   one  two
0  0.0  1.0
1  0.1  1.1
2  0.2  1.2
3  0.3  1.3
4  0.4  1.4
5  0.5  1.5
6  0.6  1.6
```

```
In [110]: df.interpolate(method="spline", order=3)
Out[110]:
  one  two
0 0.0  1.0
1 0.1  1.1
2 0.2  1.2
3 0.3  1.3
4 0.4  1.4
5 0.5  1.5
6 0.6  1.6
```

在上述代码中对缺失值分别进行了二次多项式插值和三次样条插值。除此之外，pandas 还提供了很多其他插值方法，这里就不多做介绍了，读者可以参阅官方文档进一步了解。

如上所述，在缺失值较少的时候，可以选择填充的方式来完善数据集。但是在缺失值较多且其重要程度不太高的时候，可以选择去除这些没有价值的数据。

可以自定义去除缺失值的方式，如下所示。

```
In [20]: df = DataFrame({'one':np.arange(0,0.7,0.1), 'two':np.arange(1,1.7,
0.1)})

In [21]: df.ix[0,0] = None

In [22]: df.ix[1:3, 0:2] = None

In [23]: df['three'] = np.nan

In [24]: df
Out[24]:
  one  two  three
0 NaN  1.0   NaN
1 NaN  NaN   NaN
```

```
2  NaN  NaN    NaN
3  NaN  NaN    NaN
4  0.4  1.4    NaN
5  0.5  1.5    NaN
6  0.6  1.6    NaN

In [25]: df.dropna()
Out[25]:
Empty DataFrame
Columns: [one, two, three]
Index: []

In [26]: df.dropna(how='all')
Out[26]:
   one  two  three
0  NaN  1.0    NaN
4  0.4  1.4    NaN
5  0.5  1.5    NaN
6  0.6  1.6    NaN

In [27]: df.dropna(how='all', axis=1)
Out[27]:
   one  two
0  NaN  1.0
1  NaN  NaN
2  NaN  NaN
3  NaN  NaN
4  0.4  1.4
5  0.5  1.5
6  0.6  1.6
```

为了便于说明问题，这里创建了 df 并插入了缺失值。

- how

默认情况下，dropna()的参数 how='any'，即有一个数据为 NaN 就去除整行或者整列数据。

- axis

承接上面的 how，这里的 axis 就是用于指定删除行或是列：0 代表去除该行，1 代表去除该列。

3.4.3 去除异常值

异常值的范围比较广，一般来说数据格式不一致，数据范围异常等都属于异常值，主要根据一些生活和业务的常识来界定，示例代码如下。

```
In [124]: df = DataFrame({'Name':['A', 'B', 'C'], 'Age':[-1, 14, 125]})

In [125]: df
Out[125]:
   Age Name
0   -1    A
1   14    B
2  125    C

In [126]: df.query("Age>=0 and Age <= 110")
Out[126]:
   Age Name
1   14    B
```

这里通过对年龄的界定来筛选想要的数据。

有时候，变量之间互相矛盾的数据也被视为异常值，如下所示。

```
In [3]: dict_data = {'Age':[16,17,20,21,22], 'Age_label':['teen','adult',
   ...: 'adult ', 'adult', 'teen']}

In [4]: df_data = DataFrame(dict_data)
```

```
In [5]: df_data
Out[5]:
  Age Age_label
0  16     teen
1  17    adult
2  20    adult
3  21    adult
4  22     teen
```

这里创建了一个 DataFrame，里面有关于年龄的、存在逻辑矛盾的数据（假定这里 teen 表示 18 岁以下，adult 表示 18 岁及以上）。那么可以通过筛选来得到不矛盾的数据集，如下所示。

```
In [12]: df_data.query("(Age>=18 and Age_label=='adult') or (Age<18 and
    ...: Age_labe l=='teen') ")
Out[12]:
  Age Age_label
0  16     teen
2  20    adult
3  21    adult
```

异常值的检测方法还有很多，根据数据集的不同会有很多不同的表现方式，这就需要对数据集有充分的理解。有些时候，也可以通过做图的方式从大体上观察有无异常值，如下所示。

```
In [18]: Series_data = Series([3,1,5,7,10,50])


In [19]: plt.boxplot(Series_data)


In [20]: plt.show()
```

运行输出如图 3-4 所示，从输出的图像可以很清楚地看到有异常值。

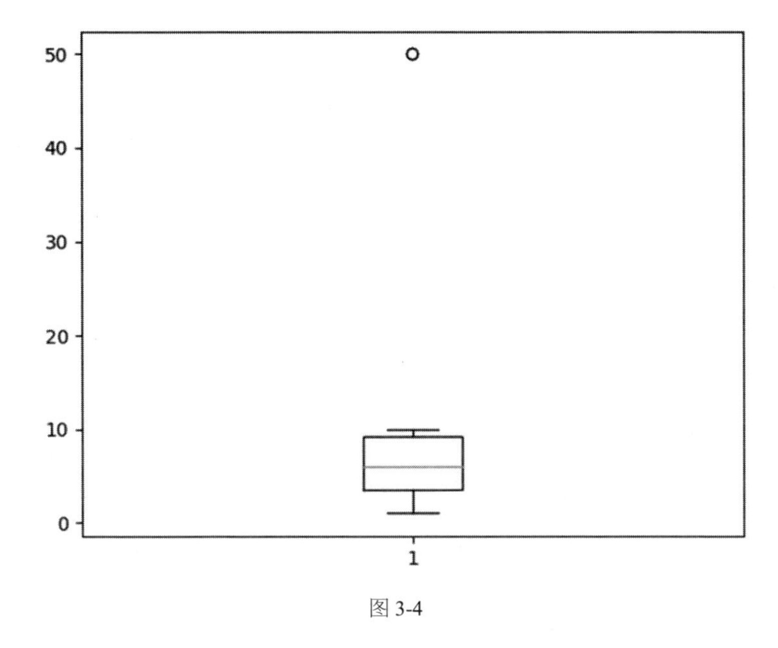

图 3-4

观测到异常值后，可以选择适当的办法将其去除，如使用分位数或者 3σ 原则等。

3.4.4 去除重复值与冗余信息

这里使用 drop_duplicates 方便地去除重复的数据，如下所示。

```
In [25]: df = DataFrame({'A':[1,1,2,2], 'B':[3,3,4,4]})


In [26]: df
Out[26]:
   A  B
0  1  3
1  1  3
2  2  4
3  2  4


In [27]: df.drop_duplicates()
Out[27]:
```

```
   A  B
0  1  3
2  2  4
```

df.drop_duplicates()参数说明如下。

- subset=None

  默认对整个 DataFrame 进行去重，可以通过指定 subset 来对特定的列进行去重。

- keep='first'

  在有重复值的时候，只保留第一次出现的数据。除此之外，可以选择'last'来保留最后出现的数据；选择 False 的话，会去除所有重复的数据。

- inplace=False

  当其为 False 时，不改变原来的 DataFrame，返回新筛选后的数据。

此外还可以根据需要，去除一些无关的列变量，因为它们对我们的分析不起作用，也就是是冗余的数据。例如在分析影评数据时，数据集可能会有评价人员社区 ID 的信息，但是这对分析不起作用，所以可以直接将这些数据去除。

去除指定列的方法也很简单，直接用 drop 即可，如下所示。

```
In [56]: df.drop('B',axis=1)
Out[56]:
   A
0  1
1  1
2  2
3  2
```

3.4.5 注意事项

除掌握之前介绍的数据处理技巧外，还有几点希望能引起读者的注意：数据的备份和处理流程的记录。

首先，在我们拿到一份数据之后，在进行修改之前最好先进行备份。这样，才可以大胆进行后面的操作，而不必担心毁了原始数据之后再想办法重新拿。即使是从网上下载的数据集，也建议先进行数据的备份，因为在数据集较大的时候，备份远比下载来得快。除此之外，我们也要注意备份一些比较重要的过程数据，因为在运行一些比较复杂的程序时，往往耗时较长，中间结果的即时保存就显得尤为重要。这样即使在程序出错的时候，也可以在出错的地方进行修改，使用中间存储的结果继续运行下去，而不必"从头再来"。

在处理较为庞大的数据集时，无论对数据分析的严谨性来说还是团队合作来说，对处理的流程进行适当的记录都是十分重要的。

我们可以根据具体的需要，自定义日志记录的格式，如下所示。

```
import os
import time
import datetime
import pandas as pd

# 获取日期和时间
def get_date_and_time():
    # 获取时间戳
    timestamp = time.time()
    # 将时间戳转化为指定格式的时间
    value = datetime.datetime.fromtimestamp(timestamp)
    date_and_time = value.strftime('%Y-%m-%d %H:%M:%S')
    return date_and_time

# 日志文件操作
def write_to_log(logname='Report.txt', operations=None):
```

```
    # 检查是否创建了日志文件
    if logname not in os.listdir():
        with open(logname, 'w') as f:
            # 创建文件
            f.writelines(["My Report  --Created by Shen on ", get_date_and_tim
e()])
            f.write("\n")
            # 写入数据
            f.writelines([get_date_and_time(), ': '])
            f.write(operations)
            f.write("\n")
    else:
        # 已有日志文件的话，就以追加的模式写入记录
        with open(logname, 'a') as f:
            # 追加模式写入数据
            f.writelines([get_date_and_time(), ': '])
            f.write(operations)
            f.write("\n")

if __name__=='__main__':
    write_to_log(operations="Read data from result.csv")
    df = pd.read_csv('result.csv')

    write_to_log(operations="drop the duplicate data")
    df = df.drop_duplicates()

    '''
    Other operations
    '''
```

生成的 Report.txt 文件，如下所示。

```
My Report  --Created by Shen on 2017-05-30 17:11:48
2017-05-30 17:11:48: Read data from result.csv
2017-05-30 17:11:48: drop the duplicate data
```

当然，这里只是进行一个简单的示范，读者可根据需要自定义其他的功能，如文件备份等。这里的日志文件的记录有时候会显得多余，因为可以用注释代替，文件备份也可能消耗较多的时间。但是在使用交互式来进行数据的处理时，这些记录会让处理流程更加清晰。总之，任何技巧和方法都不能脱离具体的数据集，必须根据实际的需要来选择工具和工具的使用方式。

注意：对文件的备份和数据集操作的记录，都应该根据实际情况决定操作方式等。

至此，已经完成了对数据清洗的介绍，因为本章内容主要介绍文件读写以及 NumPy 和 pandas 库的使用，可能会显得比较枯燥。但是对于建模分析而言，这些都是必不可少的准备。接下来将进入新的世界，也就是数据的分析和可视化。

参考文献

[1] Megan Squire. Clean Data[M]UK: Packt Publishing，2015.

[2] Wes McKinney. Python for Data Analysis[M]America: O'Reilly Media, 2013.

4 数据的分析及可视化

学习目标

- 了解探索性数据分析的步骤
- 了解根据原理来实现算法的步骤
- 掌握 sklearn、matplotlib 以及 seaborn 的基本用法
- 学习使用 sklearn 进行机器学习，并掌握数据可视化相关知识

本书第 2 章讲解了网络爬虫的原理，这是数据科学的第一步——获取数据；第 3 章介绍了数据处理的几种工具，从而对原始数据进行处理和清洗，这是数据科学的第二步——处理并清洗数据；本章将介绍数据分析建模及可视化的步骤，这也是数据科学的核心步骤。Python 语言简洁的优势以及其强大的第三方库使得它在机器学习领域拥有很高的认可度。这里主要讲解机器学习在数据分析和挖掘领域的应用。

本章首先讲解探索性数据分析（Exploratory Data Analysis，即 EDA）的基本流程，再给出使用机器学习来进行分析预测的例子，来熟悉整个分析的流程。然后进行手动实现 KNN 聚类算法的挑战，最后是一些数据可视化的介绍。

4.1 探索性数据分析

在介绍使用 Python 进行探索性数据分析之前，首先要知道，EDA 是一种分析数据集并获取其中数据特征的方法，主要通过可视化的方式来揭示数据集内部蕴藏的信息。它并没有十分明确的目标（因为开始时对数据内部的相关信息等所知甚少），而是通过探索来发现变量之间可能存在的关系并明确建模的方向。

4.1.1 基本流程

这里将围绕经典数据集 Iris 展开对 EDA 的介绍。代码对于初学者来说可能有些不易理解，因为这里提前使用了 seaborn 和 matplotlib 中的一些知识。难以理解作图部分的读者可以先行查看后面的可视化部分，再回头学习这里。推荐读者使用 PyCharm 的 IPython 窗口或者 Spyder 编辑器来测试下面的代码，这样便可以在中间的任何步骤停下来看看发生了什么，每个变量包含的数据是什么等(Spyder 可以在变量窗口直接查看)。

这里引入需要用到的第三方库，如下所示。

```
import numpy as np
import seaborn as sns
import matplotlib.pyplot as plt
from pandas import DataFrame
import pandas as pd
from sklearn.datasets import load_iris
from sklearn.decomposition import PCA
from sklearn.model_selection import train_test_split
from sklearn.svm import SVC
from sklearn.metrics import accuracy_score
```

导入数据集，如下所示。

```
# 调入数据
iris = load_iris()
```

```
# sklearn 对数据集的介绍
print(iris.DESCR)

# 提取数据集内容
# 这里根据需要可以不进行另外的赋值
iris_data = iris.data
feature_names = iris.feature_names
iris_target = iris.target
```

这里输出了数据集的描述信息，如下所示。

```
Iris Plants Database
====================
Notes
-----
Data Set Characteristics:
    :Number of Instances: 150 (50 in each of three classes)
    :Number of Attributes: 4 numeric, predictive attributes and the class
    :Attribute Information:
        - sepal length in cm
        - sepal width in cm
        - petal length in cm
        - petal width in cm
        - class:
                - Iris-Setosa
                - Iris-Versicolour
                - Iris-Virginica
    :Summary Statistics:
    ============== ==== ==== ======= ===== ====================
                    Min  Max   Mean    SD   Class Correlation
    ============== ==== ==== ======= ===== ====================
    sepal length:   4.3  7.9   5.84   0.83    0.7826
    sepal width:    2.0  4.4   3.05   0.43   -0.4194
    petal length:   1.0  6.9   3.76   1.76    0.9490  (high!)
    petal width:    0.1  2.5   1.20  0.76     0.9565  (high!)
```

```
    ============== ==== ==== ======= ===== ====================
    :Missing Attribute Values: None
    :Class Distribution: 33.3% for each of 3 classes.
    :Creator: R.A. Fisher
    :Donor: Michael Marshall (MARSHALL%PLU@io.arc.nasa.gov)
    :Date: July, 1988
This is a copy of UCI ML iris datasets.
http://archive.ics.uci.edu/ml/datasets/Iris
The famous Iris database, first used by Sir R.A Fisher
This is perhaps the best known database to be found in the
pattern recognition literature.  Fisher's paper is a classic in the field and
is referenced frequently to this day.  (See Duda & Hart, for example.)  The
data set contains 3 classes of 50 instances each, where each class refers to
a type of iris plant.  One class is linearly separable from the other 2; the
latter are NOT linearly separable from each other.
References
----------
   - Fisher,R.A. "The use of multiple measurements in taxonomic problems"
     Annual Eugenics, 7, Part II, 179-188 (1936); also in "Contributions to
     Mathematical Statistics" (John Wiley, NY, 1950).
   - Duda,R.O., & Hart,P.E. (1973) Pattern Classification and Scene Analysis.
     (Q327.D83) John Wiley & Sons.  ISBN 0-471-22361-1.  See page 218.
   - Dasarathy, B.V. (1980) "Nosing Around the Neighborhood: A New System
     Structure and Classification Rule for Recognition in Partially Exposed
     Environments".  IEEE Transactions on Pattern Analysis and Machine
     Intelligence, Vol. PAMI-2, No. 1, 67-71.
   - Gates, G.W. (1972) "The Reduced Nearest Neighbor Rule".  IEEE
     Transactions on Information Theory, May 1972, 431-433.
   - See also: 1988 MLC Proceedings, 54-64.  Cheeseman et al"s AUTOCLASS II
     conceptual clustering system finds 3 classes in the data.
   - Many, many more ...
```

关于Iris数据集，简单讲就是每条记录包含花的四个特征和花的种类，四个特征分别是花萼长和宽，花瓣长和宽。

注意，这里为了统一检查数据完整性等需要将数据的四个特征和种类合并到一起。接下来转化为熟悉的 DataFrame 格式，如下所示。

```
# 格式整理
iris_target.shape = (150, 1)
iris_all = np.hstack((iris_data, iris_target))
# 转化为 DataFrame
iris_data_df = DataFrame(iris_data, columns=feature_names)
iris_target_df = DataFrame(iris_target,  columns=['target'])
iris_data_all_df = DataFrame(iris_all, columns=feature_names+['target'])
```

接下来获取一些关于数据集的基本信息，首先预览数据，了解操作的数据格式，如下所示。

```
# 数据预览
print(iris_data_all_df.head())      # 默认为前 5 行
print(iris_data_all_df.tail())      # 默认为后 5 行
print(iris_data_all_df.sample(5))  # 随机抽取 5 行
```

运行输出如下（随机抽取 5 行的结果为例）。

```
   sepal length (cm)  sepal width (cm)  petal length (cm)  petal width (cm)  \
22               4.6               3.6                1.0               0.2
31               5.4               3.4                1.5               0.4
10               5.4               3.7                1.5               0.2
35               5.0               3.2                1.2               0.2
94               5.6               2.7                4.2               1.3
    target
22     0.0
31     0.0
10     0.0
```

注意：由于这里的重点在于 EDA，所以选用的数据集是处理好的，并没有出现乱码和缺失值等情况，所以略过了数据清洗的部分。

下面继续了解数据集的基本信息。

了解数据大小，代码如下。

```
print(iris_data_all_df.shape)  # 大小
```

运行输出如下。

```
(150, 5)
```

了解数据类型，代码如下。

```
print(iris_data_all_df.dtypes)  # 类型
```

运行输出如下。

```
sepal length (cm)    float64
sepal width (cm)     float64
petal length (cm)    float64
petal width (cm)     float64
target               float64
dtype: object
```

也可以直接使用 info 来查看多种信息，代码如下。

```
print(iris_data_all_df.info())  # 多种信息
```

运行输出如下。

```
<class 'pandas.core.frame.DataFrame'>
RangeIndex: 150 entries, 0 to 149
Data columns (total 5 columns):
sepal length (cm)    150 non-null float64
sepal width (cm)     150 non-null float64
petal length (cm)    150 non-null float64
petal width (cm)     150 non-null float64
target               150 non-null float64
dtypes: float64(5)
memory usage: 5.9 KB
None
```

统计量的描述，代码如下。

```
print(iris_data_all_df.describe())  # 常见统计量的描述
```

运行输出如下。

```
       sepal length (cm)  sepal width (cm)  petal length (cm)  \
count         150.000000        150.000000         150.000000
mean            5.843333          3.054000           3.758667
std             0.828066          0.433594           1.764420
min             4.300000          2.000000           1.000000
25%             5.100000          2.800000           1.600000
50%             5.800000          3.000000           4.350000
75%             6.400000          3.300000           5.100000
max             7.900000          4.400000           6.900000
       petal width (cm)      target
count        150.000000  150.000000
mean           1.198667    1.000000
std            0.763161    0.819232
min            0.100000    0.000000
25%            0.300000    0.000000
50%            1.300000    1.000000
75%            1.800000    2.000000
max            2.500000    2.000000
```

至此，便对数据集整体的形状、大小、变量等信息都有了初步的了解。接下来可以通过可视化的方法进行进一步探索。

查看四个特征数据的范围（以特征为作图数据，制作箱线图），代码如下。

```
# 数据范围
sns.boxplot(data=iris_data_df)
plt.show()
```

运行输出如图 4-1 所示。

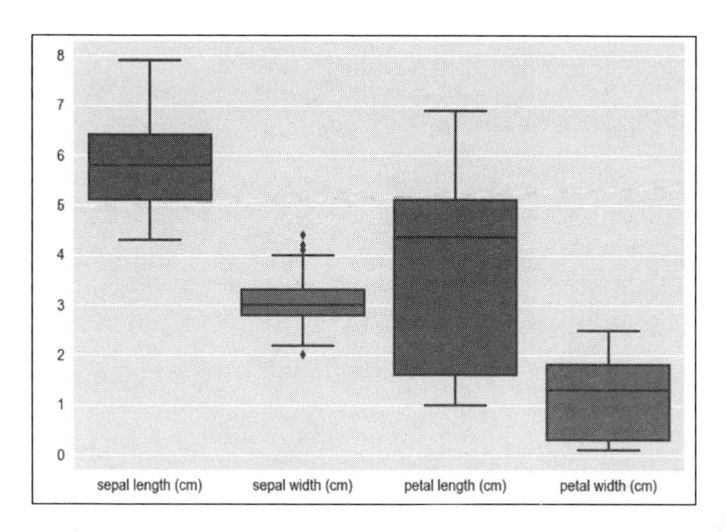

图 4-1

数据总览（以类别为标签，制作含有所有特征数据的图），代码如下。

```
# 总览
plt.plot(iris_data_df)
plt.legend(feature_names)
plt.show()
```

运行输出如图 4-2 所示。

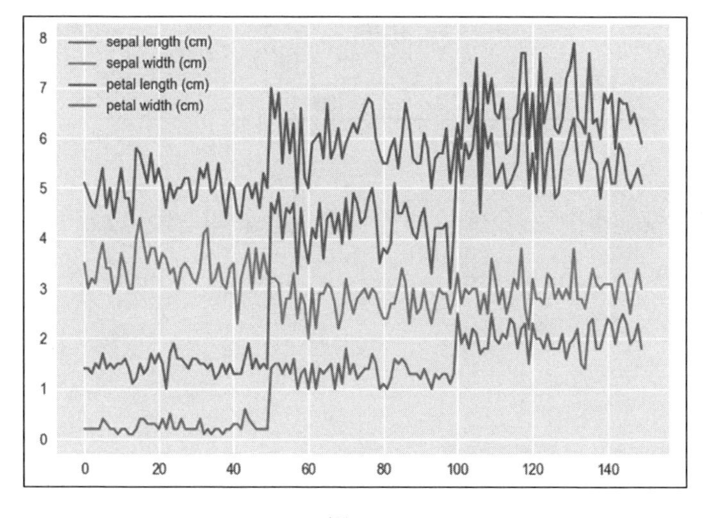

图 4-2

提取部分数据（提取花萼数据做图），代码如下。

```
# 为了便于观察，也可以作出部分数据的图
# sepal
sepal_data_df = iris_data_df[['sepal length (cm)', 'sepal width (cm)']]
plt.plot(sepal_data_df)
plt.legend(['sepal length (cm)', 'sepal width (cm)'])
plt.title('sepal data')
plt.show()
```

运行输出如图 4-3 所示。

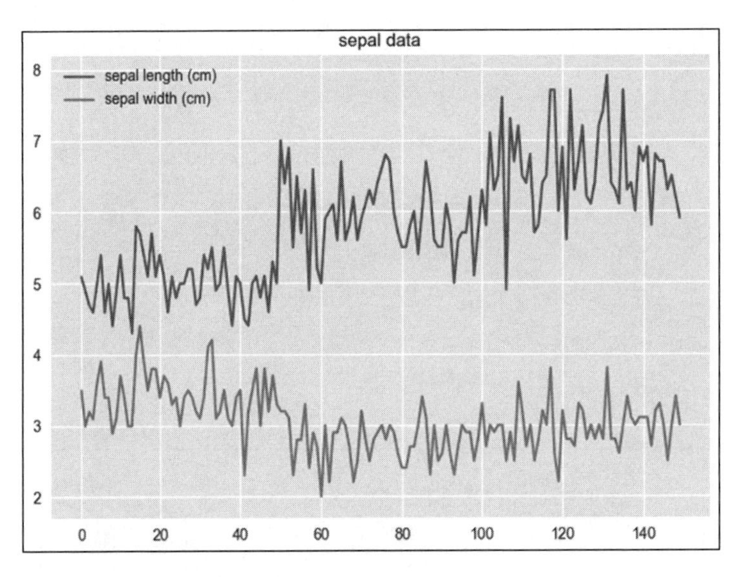

图 4-3

也可以方便地得出变量之间的一些相关关系的图，代码如下。

```
sns.pairplot(iris_data_all_df, vars=iris_data_all_df.columns[:4], hue = 'ta
rget', size=3, kind="reg")plt.show()
```

运行输出如图 4-4 所示。

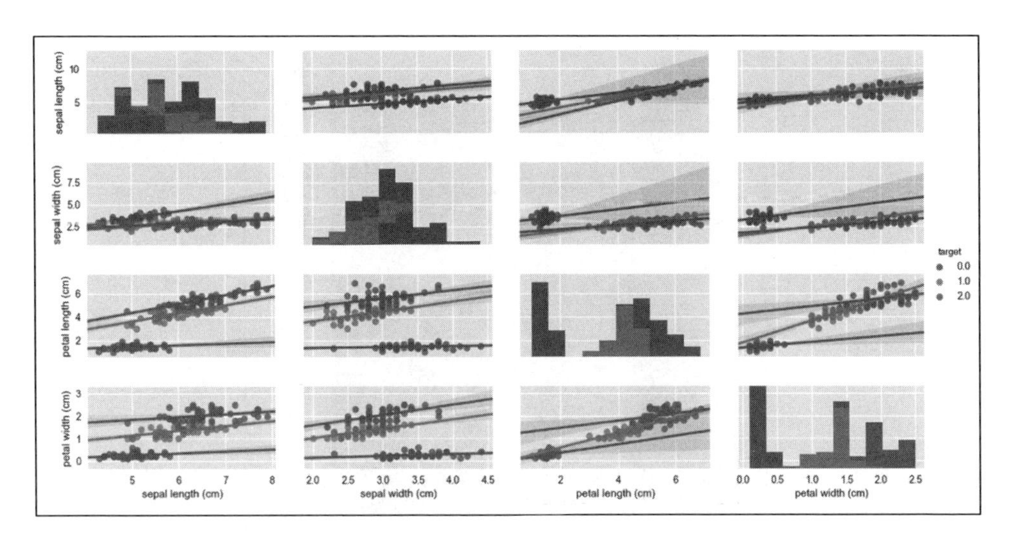

图 4-4

注意：在作图时，直接运行得出的图在显示上可能会比较乱，我们可以使用图片上方的工具栏进行调整使得图片更加美观，之后再保存即可。

4.1.2 数据降维

在机器学习领域，一项极其中重要的工作就是特征工程（Feature Engineering），特征的选取和操作对机器学习的结果至关重要。这里讲解怎样利用 Python 做一些特征工程的工作，例如使用 sklearn 库 PCA 进行数据的降维。

首先，用协方差来表示变量之间的关系并可视化，代码如下。

```
# 变量之间的关系
Corr_Mat = iris_data_df.corr()
Mat_img = plt.matshow(Corr_Mat, cmap=plt.cm.winter_r)
plt.colorbar(Mat_img, ticks=[-1, 0, 1])
plt.show()
```

运行输出如图 4-5 所示。

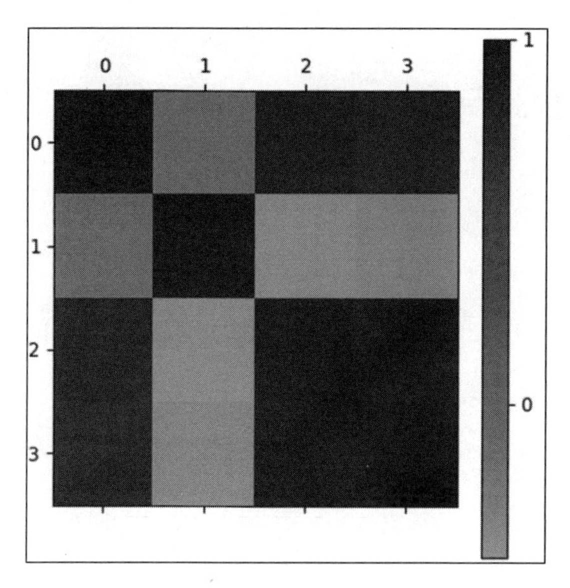

图 4-5

可以看到第 2 个特征与其他几个特征的关系不大，所以可以选择将数据将为 2 维（当然 3 维或者 1 维也是可以的，主要取决于想要保留多少原来的信息量，毫无疑问降维会导致数据信息的减少）。

```
# 降维[参考 Python DataScience Essentials]
pca = PCA(n_components=2)
pca_2c = pca.fit_transform(iris_data_df)
print(pca.explained_variance_ratio_)
print(pca.explained_variance_ratio_.sum())

plt.scatter(pca_2c[:, 0], pca_2c[:, 1],
        c=np.array(iris_target_df), alpha=0.8,
        cmap=plt.cm.winter)

plt.show()
```

运行输出如下。

```
 [ 0.92461621  0.05301557]
0.977631775025
```

可以看到，抽取的两个主成分的方差贡献和已经超过了 97%。相关的输出如图 4-6 所示。

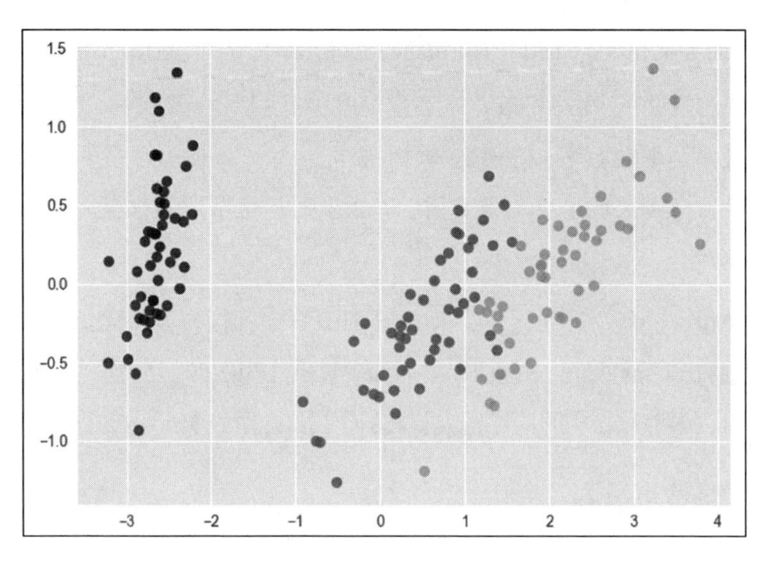

图 4-6

至此，已经介绍了在 EDA 中经常用到的一些方法，下一步就是应用机器学习算法进行模型的训练和测试了。

4.2 机器学习入门

近年来，机器学习（Machine Learning）成为一个十分热门的话题。那么，什么是机器学习呢？比较早的说法来自 Arthur Samuel：

> The field of study that gives computers the ability to learn without being explicitly programmed。
>
> 在不直接针对问题进行编程的情况下，赋予计算机学习能力的一个研究领域。

但是这种说法已经有些过时，更被普遍接受的定义来自 Tom Mitchell：

> A computer program is said to learn from experience E with respect to some class of tasks T and performance measure P, if its performance at tasks in T, as measured by P, improves with experience E.
>
> 对于某类任务 T 和性能度量 P，如果一个计算机程序在 T 上以 P 衡量的性能随着经验 E 而自我完善，那么我们称这个计算机程序在向经验 E 学习。

总的来说，机器学习算法是一种从数据中自动分析获得规律，并利用规律对未知数据进行预测的算法。[①]机器学习目前主要分为四类，分别是：监督学习、无监督学习、半监督学习和增强学习。这里主要介绍监督学习的简单应用。

4.2.1 机器学习简介

毫无疑问，机器学习是数据挖掘领域一个强有力的工具。感谢 Google 开发者发布的机器学习入门教程，将机器学习的理论及其在 Python 的具体应用讲的十分透彻，这里也将参照此教程，将其展开讲解。

机器学习的步骤总的来说就是先搜集训练集，之后选择学习算法对训练集进行训练得到模型，最后对模型进行测试和使用模型进行预测。

举一个简单的例子，假设要训练一个模型来区分苹果和橙子，这是一个分类的任务。那么要搜集两者的特征数据，例如重量、颜色、形状、大小等。首先要选择好的特征来进行训练。什么是好的特征呢？遵循朴素的逻辑，对模型建立最有益的特征就是好的特征。例如表皮的粗糙与光滑相对于形状就是一个好的特征。因为我们可以通过表皮的光滑与否更好地分辨两者，而不能通过形状进行任何判断。所以这里选择表皮光滑与否作为训练数据的一个特征，这就是特征选择（Feature Selection）。一般包含丰富信息的、独立的、简单的特征是好的特征。

---

① 参考维基百科：https://en.wikipedia.org/wiki/Machine_learning。

假设这里选择了重量、表皮光滑与否，作为我们的训练集，那么训练集的形式如下所示。

```
重量 表皮   种类
140  smooth  apple
130  smooth  apple
150  bumpy   orange
170  bumpy   orange
```

这里的重量和表皮是特征，种类是标签（label）。那么可以直接用 Python 表示如下。

```
features = [[140, 'smooth'], [130, 'smooth'],
           [150, 'bumpy'], [170, 'bumpy']]

labels = ['apple', 'apple', 'orange', 'orange']
```

接下来，将其中的字符型数据转化为数值型数据以便算法的应用。在其他情况下，也经常这样做。例如要对手写体数字进行识别，图像是无法直接应用机器学习算法的。于是我们就把图像转化为黑白的，使得数字覆盖的部分为黑色，空白处保持空白。而图像是由一个个的像素点组成的，再令黑色部分为 1，其余为 0，就得到了一串数字，从而转化为数值型数据，就可以使用机器学习算法进行识别了。这个转化的过程，我们称之为特征抽取（Feature Extraction）。这里可以将上述特征和标签改成如下形式。

```
features = [[140, 1], [130, 1], [150, 0], [170, 0]]
labels = [0, 0, 1, 1]
```

有了特征和标签，就可以开始对训练集的训练了。这里选择决策树作为分类模型（出于此处只是讲解机器学习流程，就不对决策树的知识进行介绍了），直接使用 sklearn 提供的接口。

```
from sklearn import tree
clf = tree.DecisionTreeClassifier()
clf = clf.fit(features, labels)
```

这里首先新建了一个决策树实例，之后将特征和标签输入决策树并且进行训练。至此已经得到了一个训练好的模型，接下来使用这个模型进行简单的预测，例如想要知道一个重量为 150 克，表皮粗糙的水果是橙子还是苹果，代码如下。

```
print(clf.predict([[150, 0]]))
```

运行输出为：[1]。

根据标签，0 代表苹果，1 代表橙子，所以这里模型预测的结果是橙子，预测正确。下面来看完整代码。

```
from sklearn import tree


features = [[140, 1], [130, 1], [150, 0], [170, 0]]
labels = [0, 0, 1, 1]
clf = tree.DecisionTreeClassifier()
clf = clf.fit(features, labels)
print(clf.predict([[150, 0]]))
```

这几行代码就是机器学习的核心流程，随着之后的学习，大家会发现，即便是复杂的机器学习应用也大致包含这几步，只不过各个过程更加精细与严谨。那么，怎样把这个算法应用到 Iris 数据集呢？

4.2.2 决策树——机器学习算法的应用

这里可以根据决策树直观地观察模型。在测试（Ubuntu 16.04 LTS， Python 3.6）的时候，会发现有一些报错，比如：

```
InvocationException: GraphViz's executables not found
```

根据本地装载的环境不同，还可能有其他问题，读者遇到此类问题可参考如下步骤，命令行进行一些依赖的安装。

```
pip install pydotplus pip install graphviz sudo apt-get install graphviz
```

一般情况下就可以测试下面的代码了。

首先，导入需要的第三方库并载入数据集。之后从原始数据集抽取三条记录作为模型的测试集，其余部分作为训练集，代码如下。

```
import numpy as np
from sklearn.datasets import load_iris
from sklearn import tree
import pydotplus
from io import StringIO

# 载入数据集
iris = load_iris()
'''
do something to explore the dataset
'''
test_idx = [0, 50, 100]

# 训练集
train_data = np.delete(iris.data, test_idx, axis=0)
train_target = np.delete(iris.target, test_idx)

# 训练集
test_data = iris.data[test_idx]
test_target = iris.target[test_idx]
```

接着训练模型并使用模型对测试集进行预测，如下所示。

```
clf = tree.DecisionTreeClassifier()
clf.fit(train_data, train_target)
print("正确类别: ", test_target)
print("预测类别: ", clf.predict(test_data))
```

运行输出如下。

```
正确类别: [0 1 2]
预测类别: [0 1 2]
```

说明模型对测试集预测性能很好。接下来尝试将决策树的图保存下来，如下所示。

```
#展示决策树
out = StringIO()

tree.export_graphviz(clf, out_file=out,
                     feature_names=iris.feature_names,
                     class_names=iris.target_names,
                     filled=True, rounded=True,
                     impurity=False)
graph=pydotplus.graph_from_dot_data(out.getvalue())
# graph.write_pdf('iris.pdf')
data = graph.create_png()  # 图片的二进制数据
with open('tree.png', 'wb') as f:
    f.write(data)

print("测试集其一数据: ", test_data[0], test_target[0])
print("特征: ", iris.feature_names)
print("标签", iris.target_names)
```

运行输出如下（这里输出特征和标签只是为了方便在决策树验证）。

```
测试集其一数据: [ 5.1  3.5  1.4  0.2] 0
特征: ['sepal length (cm)', 'sepal width (cm)', 'petal length (cm)', 'petal
width (cm)']
标签 ['setosa' 'versicolor' 'virginica']
```

可以在输出的决策树（参见图 4-7）上进行验证。

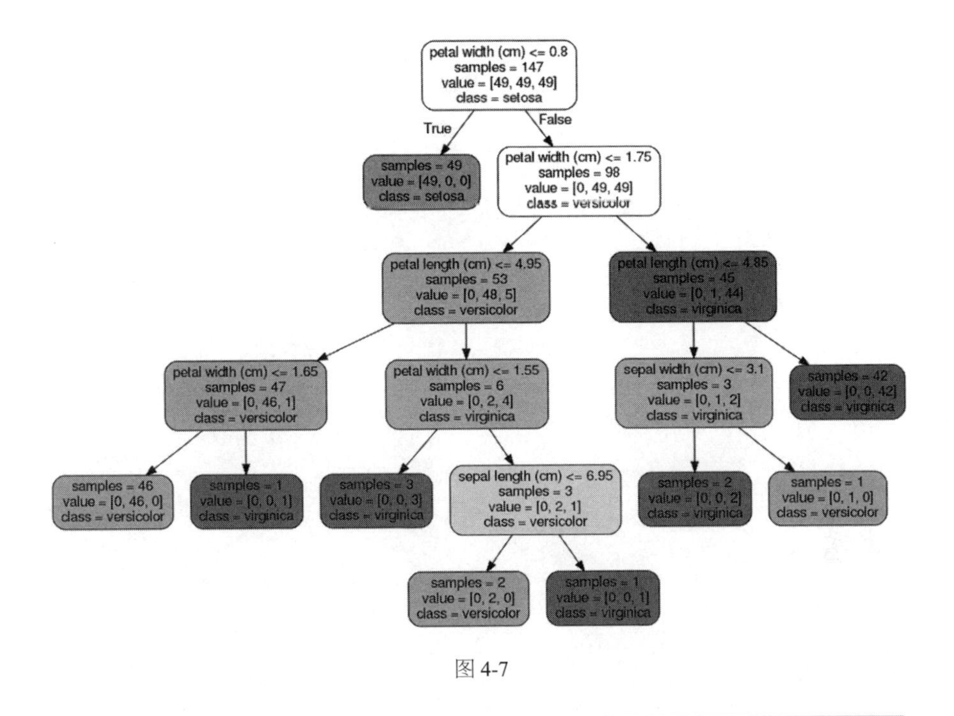

图 4-7

注意：这里主要面向未接触过机器学习的读者进行简单介绍。真正在应用算法建立模型的时候，每一步都要更加严谨。对于想要深入学习的读者，建议先了解机器学习相关的理论知识，再考虑如何用 Python 实现。

至此算是完成了对 Iris 数据集的训练和预测，可以看到这里的步骤和之前的实例小程序几乎是一致的。搜集数据集、特征选择、特征抽取、训练模型、测试模型，最后用模型预测，这就是机器学习的基本过程了。

4.3 手动实现 KNN 算法

4.3.1 特例——最邻近分类器

在完整地实现 KNN 算法之前，我们先看一个特例，也就是在 K=1 时如何实现算法。其中，当 K=1 时，可以将训练的模型称为最邻近分类器（1NN，1-nearest neighbor classifier）。

在实现 KNN（K-Nearest Neighbor）算法之前，先调用 sklearn 库来应用此算法，实际上这和之前调用决策树算法的步骤基本上是一致的，如下所示。

```
from sklearn.datasets import load_iris
iris = load_iris()

X = iris.data
y = iris.target

from sklearn.model_selection import train_test_split
X_train, X_test, y_train, y_test = train_test_split(X, y, test_size=0.3)

from sklearn.neighbors import KNeighborsClassifier

my_classifier = KNeighborsClassifier()
my_classifier.fit(X_train, y_train)
predictions = my_classifier.predict(X_test)

from sklearn.metrics import accuracy_score
print("测试准确率: ", accuracy_score(y_test, predictions))
```

运行输出如下。

```
测试准确率:  0.947368421053
```

下面进行简要说明。

- train_test_split

首先，这个函数已经更新了，目前在 sklearn.model_selection 里。读者之前可能会看到过其出现在 sklearn.cross_validation，这是旧版本的方法（现在依旧可以）。但是使用后者的时候，系统会出现类似下面的警告。

```
DeprecationWarning: This module was deprecated in version 0.18 in favor
of the model_selection module into which all the refactored classes
```

and functions are moved. Also note that the interface of the new CV iterators are different from that of this module. This module will be removed in 0.20。

意思是将来会被移除，所以为了保证程序的兼容性，应当选择从新的模块调入。

此外，这里选择的测试集大小为 0.3，表示随机抽取 30%的数据作为测试集，余下的 70%作为训练集。

- accuracy_score

这里预测的准确率在每次运行的时候会有所不同。这是因为之前训练集和测试集的分割是随机的，使得模型的参数不一致，测试集也不一致。

从上面的程序可以看出，涉及算法的核心代码只有几行，如下所示。

```
my_classifier = KNeighborsClassifier()
my_classifier.fit(X_train, y_train)
predictions = my_classifier.predict(X_test)
```

所以，只要模仿着新建一个类，并包含 fit 和 predict 方法就行了。下面将简单介绍 KNN 原理并着手实现这个类。必须说明的是，对于新手来说，这是一个比较有挑战性的环节。从算法理论到代码的实现，不仅需要对理论有深刻的认识，而且还要有灵活的编程能力做为支撑。希望大家能尝试着去理解并体会其实现的逻辑，相信最终实现之后会受益匪浅。

首先，KNN 是一种聚类算法，用于对新的数据点进行分类。对于一个只知道特征的数据点，首先计算它和已知训练集所有点的距离，然后选择最近的 K 个点进行“投票表决”来决定所属类别。因为训练集的标签是已知的，所以根据“投票”结果，判定该点的类别为“票数”最多的类别。例如在 K=3，即选择最近的 3 个点进行判别时，其属于三角形一类；K=5 时，其属于正方形这一类，如图 4-8

所示[①]。

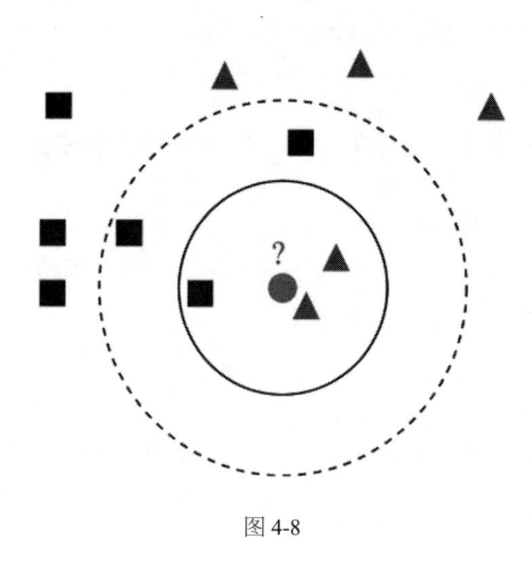

图 4-8

当然，这也就涉及 K 的选择问题，一般使用交叉验证法确定最优的 K 值，这里不做讨论。暂且知道这些就可以进行初步实现。

这里首先学习如何调用 sklearn 库来实现 KNN 算法，然后按照同样的流程逐步深入算法的各个部分，最后完成算法的手动实现。

```
from scipy.spatial import distance

class ScrappyKNN():
    def fit(self, X_train, y_train):
        self.X_train = X_train
        self.y_train = y_train

    def predict(self, X_test):
        predictions = []
        for row in X_test:
            # label = random.choice(self.y_train)
            label = self.closest(row)
            predictions.append(label)
```

① 参考维基百科：https://en.wikipedia.org/wiki/K-nearest_neighbors_algorithm。

```
        return predictions

    def euc(a, b):
        return distance.euclidean(a, b)

    def closest(self, row):
        best_dist = euc(row, self.X_train[0])
        best_index= 0
        for i in range(len(X_train)):
            dist = euc(row, self.X_train[i])
            if dist < best_dist:
                best_dist = dist
                best_index = i
        return self.y_train[best_index]
```

只需要将上面的 `my_classifier = KNeighborsClassifier()` 换成 `my_classifier = ScrappyKNN()`，就能成功地使用自己实现的算法了。下面对类的每个方法进行简单说明。

- fit

通过原来的代码 `my_classifier.fit(X_train, y_train)`，可以看到 fit 函数接受两个参数，分别是训练集的特征和标签。那么，这里的 fit 函数也按照此参数格式进行设计。由于 KNN 算法没有显示训练过程（在测试集进入时才开始计算并分类），所以这里只需要将训练集导入到类变量即可，于是就有了 fit 函数的实现，如下所示。

```
def fit(self, X_train, y_train):
    self.X_train = X_train
    self.y_train = y_train
```

- predict

同样的，根据 `my_classifier.predict(X_test)` 设置 predict 的

参数格式，并且注意此函数的返回值是预测的结果。所以建立一个列表来存放所有的类别结果，该列表就是 predictions。之后，只需要遍历每一个测试集里面的特征值数据，并选取距离最近的点（注意这里已经设 k=1）的类别作为判别的结果，并将其加入 predictions 就可以了。于是就有了如下的 predict 函数。

```
def predict(self, X_test):
    predictions = []
    for row in X_test:
        label = self.closest(row)
        predictions.append(label)
    return predictions
```

下面的关键就是 closest 函数的实现了。也就是找到离输入的数据点最近的一个点，并将此最近点的类别作为该点类别的预测值返回。首先将测试点与训练集第一个数据点的距离设为初始最小距离，并将第一个点设为初始最临近的点。之后，遍历训练集的每一个点，只要距离比之前的点小，就更新最短距离，并更新其所属类别（通过记录索引值来记录其类别）。那么在遍历完训练集所有的点之后，此时的 best_dist 必是最小的，其对应的类别就是 y_train[best_index]。如此，得到了 cloest 函数，代码如下。

```
def closest(self, row):
    best_dist = self.euc(row, self.X_train[0])
    best_index= 0
    for i in range(len(X_train)):
        dist = self.euc(row, self.X_train[i])
        if dist < best_dist:
            best_dist = dist
            best_index = i
    return self.y_train[best_index]
```

最后，只需要通过函数 euc 计算数据点之间距离即可。

```
def euc(a, b):
    return distance.euclidean(a, b)
```

这里的距离函数，选用了欧式距离。

注意：为了方便，这里直接调用了 SciPy 包提供的函数，其实自己实现也不难，感兴趣的读者可以自己尝试着实现一下。

至此，已经成功地手动实现了 KNN 算法！接下来可以跑一遍程序进行测试，完整代码如下。

```
from scipy.spatial import distance

class ScrappyKNN():
    def fit(self, X_train, y_train):
        self.X_train = X_train
        self.y_train = y_train

    def predict(self, X_test):
        predictions = []
        for row in X_test:
            label = self.closest(row)
            predictions.append(label)

        return predictions

    def closest(self, row):
        best_dist = self.euc(row, self.X_train[0])
        best_index= 0
        for i in range(len(X_train)):
            dist = self.euc(row, self.X_train[i])
            if dist < best_dist:
                best_dist = dist
                best_index = i
```

```
        return self.y_train[best_index]

    def euc(self, a, b):
        return distance.euclidean(a, b)

from sklearn.datasets import load_iris
iris = load_iris()

X = iris.data
y = iris.target

from sklearn.model_selection import train_test_split
X_train, X_test, y_train, y_test = train_test_split(X, y)

my_classifier = ScrappyKNN()
my_classifier.fit(X_train, y_train)
predictions = my_classifier.predict(X_test)

from sklearn.metrics import accuracy_score
print(accuracy_score(y_test, predictions))
```

运行输出如下。

```
0.973684210526
```

通过输出可以看到结果还是不错的。对于一个新手来说，能完全理解到这一步已经很了不起了。还可以对上面的算法进行更深入的实现，例如上面的 K，这里指定为 1，也就是指定类别只与最近的一个点有关。那么试想能不能重新设计下，使得算法指定任意的 K 值呢？这样一来难度就又增加了一些，感兴趣的读者可以先暂停阅读，自行尝试可以指定 K 的加强版本。

注意：对于算法的实现，一般都是先实现较为简单的版本，之后再在原始的版本上进行加强。这样会使整个实现过程变得较为容易些。

4.3.2 KNN 算法的完整实现

这里给出一种实现的方法供大家参考，如下所示。

```
import numpy as np
import operator
from scipy.spatial import distance

class ScrappyKNN():
    def fit(self, X_train, y_train, k):
        self.X_train = X_train
        self.y_train = y_train
        self.k = k

    def predict(self, X_test):
        predictions = []
        for row in X_test:
            label = self.closest_k(row)
            predictions.append(label)
        return predictions

    def closest_k(self, row):
        # distances 存储测试点到数据集各个点的距离
        distances = []
        for i in range(len(X_train)):
            dist = self.euc(row, self.X_train[i])
            distances.append(dist)

        # 转换成数组，对距离排序（从小到大），返回位置信息
        distances = np.array(distances)
        sortedDistIndicies = distances.argsort()

        classCount = {}
        for i in range(self.k):
```

```
            voteIlabel = y_train[sortedDistIndicies[i]]
            # 此处 get，原字典有此 voteIlabel 则返回其对应的值，没有则返回 0
            classCount[voteIlabel] = classCount.get(voteIlabel, 0) + 1

        # 根据值（对应"票数"）进行排序，使得获得票数多的类在前（故使用 reverse=True）
        sortedClassCount = sorted(classCount.items(),
                                  key=operator.itemgetter(1), reverse=True)
        # 返回该测试点的类别
        return sortedClassCount[0][0]

    # 计算欧式距离
    def euc(self, a, b):
        return distance.euclidean(a, b)

from sklearn.datasets import load_iris
iris = load_iris()

X = iris.data
y = iris.target

from sklearn.model_selection import train_test_split
X_train, X_test, y_train, y_test = train_test_split(X, y)

my_classifier = ScrappyKNN()
my_classifier.fit(X_train, y_train, k=3)
predictions = my_classifier.predict(X_test)

from sklearn.metrics import accuracy_score
print(accuracy_score(y_test, predictions))
```

运行输出如下。

```
0.947368421053
```

作为拓展，这里就不再对上述代码进行逐步剖析。需要注意的就是对 NumPy

中 array 的 argsort 和字典中 get 方法的理解，这一点读者可以根据文档说明进行测试和验证后，再结合本例进一步理解其作用。

至此，已经完成了手动实现聚类算法的介绍。对于一个算法，如果只会调用的话，就好比黑盒一样，不知道原理，用起来自然不会很放心。而经过自己的实现，对其内部的机制就十分清楚了，对之后的调用甚至优化算法都有很大的帮助。实现算法的过程固然辛苦，但是其能带来编程技巧的提升和对算法进一步的理解，所以我们尝试着实现一些简单的算法来锻炼这种从算法理论到编程实现的转化能力。

4.4 数据可视化

Python 拥有众多的第三方库使我们可以方便地进行一些数据的可视化操作。目前很多库的可视化应用都是建立在 matplotlib 的基础上的。所以这里首先介绍 matplotlib 库的基本使用方法，然后学习在此基础上使用 pandas 和 seaborn 库进行可视化的方法。最后简单介绍词云的制作方法。

4.4.1 高质量作图工具——matplotlib

1. 基本操作

先看一个示例代码来了解一张图的组成部分，如下所示。

```
import numpy as np
import matplotlib.pyplot as plt

x = np.linspace(-2, 2, 100)
y = np.cos(np.pi*x)

plt.plot(x, y, 'go')
plt.title(r"$y=\cos(\pi \times x)$")
plt.show()
```

运行输出如图 4-9 所示。

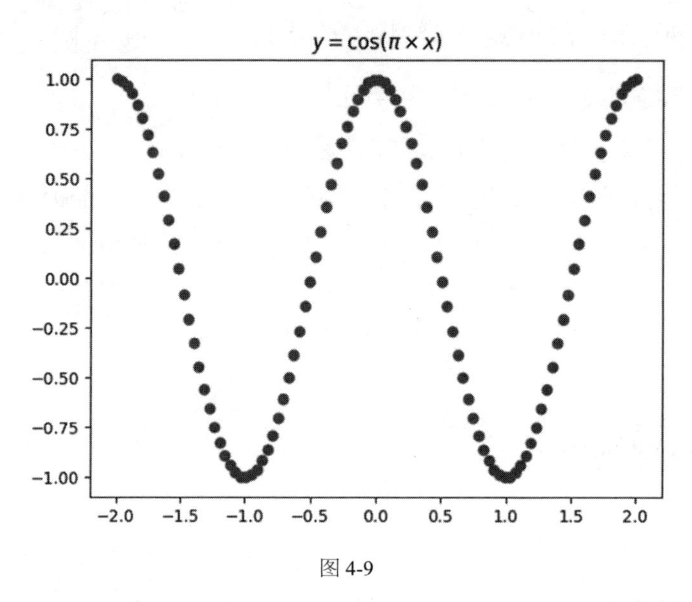

图 4-9

下面进行简要说明。

- import matplotlib.pyplot as plt

一般用到的就是 pyplot，且按照惯例导入为 plt。

- plt.plot(x,y,'go')

这里就比较明确了，x、y 是自变量和因变量数据。后面的'go'是对样式的控制：其中 g 表示选择绿色，o 表示选择点的方式显示。更多参数设置可使用帮助命令 help(plt.plot)进一步学习。

- plt.title(r"$y=\cos(\pi \times x)$")

为图添加一个标题。值得注意的是，这里使用了 LaTeX 的格式，因为 matplotlib 是兼容 LaTeX 的。这对书写公式提供了极大的便利。读者可能会遇到无法显示中文的情况，这一点接下来会进行专门的讲解。

- plt.show()

通过 show 来展示图像，在 pandas 和 seaborn 中也使用这句代码进行图像的展示操作。

这里只是创建了一个图像，然后加了标题，还可以通过其他的设置使得图表信息更加丰富，也更加美观。

首先看一下增强版本的代码，如下所示。

```
import numpy as np
import matplotlib.pyplot as plt

x = np.linspace(-2, 2, 100)
y1 = np.cos(np.pi * x)
y2 = np.sin(np.pi * x)

plt.plot(x, y1, 'go', label=r"$y1=\cos(\pi \times x)$", alpha=0.8, linewidth
=0.7)
plt.plot(x, y2, 'r-', label=r"$y2=\sin(\pi \times x)$", alpha=0.8, linewidth
=0.7)

plt.annotate("Important Point", (0, 1), xytext=(-1.5, 1.1),
             arrowprops=dict(arrowstyle='->'))

plt.xlabel('x-axis')
plt.ylabel('y-axis')

# 设置座标范围[xmin, xmax, ymin, ymax]
plt.axis([-2.1, 2.1, -1.2, 1.2])

# 显示标签
plt.legend()
# 显示网格
plt.grid(alpha=0.4)

plt.title("Two plots", color=(0.1, 0.3, 0.5))
plt.show()
```

运行输出如图 4-10 所示。

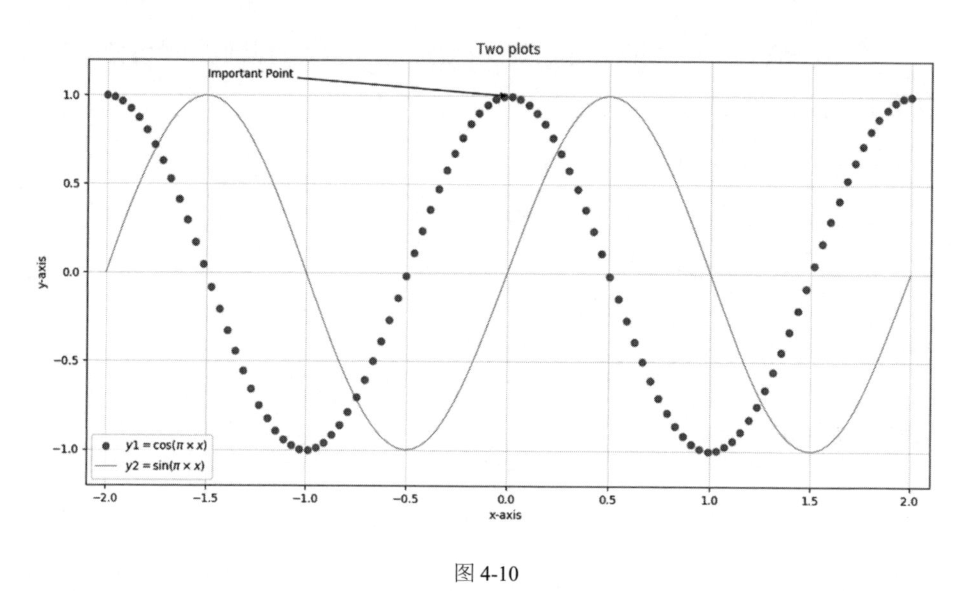

图 4-10

下面进行简要说明。

- alpha

  alpha 参数代表透明度，从 0 到 1 表示颜色逐渐加深。

- linewidth

  代表线条或者点的粗细程度。

- axis

  按照（xmin、xmax、ymin、ymax）的格式来限制座标轴的范围。

- legend

  在 plot 里面使用 lable，记录了当前图的图例，可以通过调用 legend 使其显示。在默认情况下，图例会显示在最合适的空白处，当然也可以手动调节其位置。

- grid

显示背景网格线，也可以通过 alpha 参数设置其透明度。

- color=(0.1, 0.3, 0.5)

在有些情况下，matplotlib 自带的颜色达不到效果，此时可以通过设置归一化到[0,1]的 RGB 元组来指定颜色。也可以使用 HTML 的十六进制字符串，如"#eeefff"来指定颜色。

2. 中文显示问题

在初次使用matplotlib时一般都会遇到无法显示中文的问题，无论是Windows还是 Ubuntu 之类的 Linux 系统。这里分别给出解决的办法。

对于 Windows，解决方法相对较为简单，只需要在开头处加上下面三行代码，一般就可以了。

```
import matplotlib as mpl
mpl.rcParams["font.sans-serif"] = ["Microsoft YaHei"]
mpl.rcParams['axes.unicode_minus'] = False
```

对于 Ubuntu 系统，需要手动指定字体来实现中文的显示。

设置代码如下。

```
import matplotlib.pyplot as plt
import matplotlib as mpl
zhfont = mpl.font_manager.FontProperties(fname='/home/shensir/Downloads/Fon
ts/msyh.ttc')

plt.plot([1, 2, 3], label='标签')
plt.title('中文标题', fontproperties=zhfont)
plt.xlabel('x 轴', fontproperties=zhfont)
plt.ylabel('y 轴', fontproperties=zhfont)
plt.legend(prop=zhfont)
plt.show()
```

运行输出如图 4-11 所示。

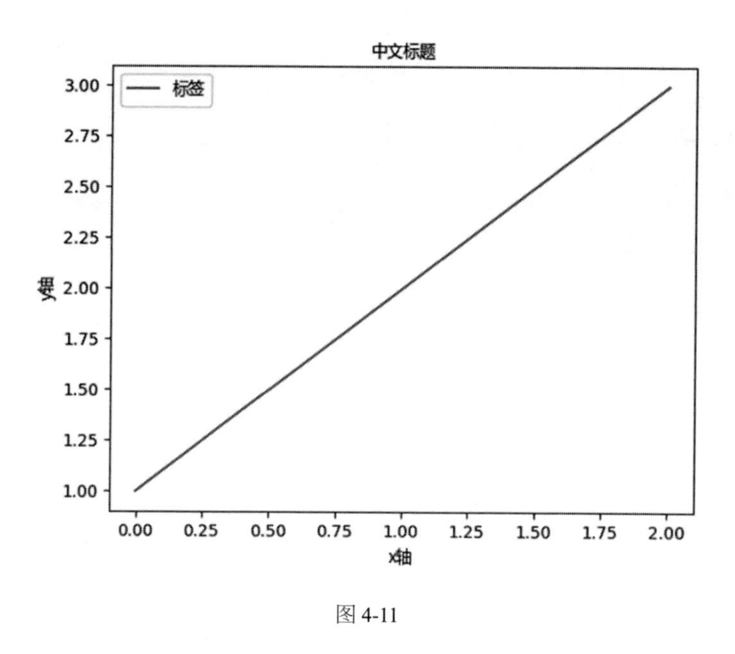

图 4-11

注意：这里表示字体的.ttc 文件是从 Windows 系统中拷贝过来的，可以放到任意路径，通过程序指定其路径即可。当然读者也可以从网上寻找其他永久设置的方法，由于大部分都比较烦琐，这里就不展开介绍了。

---

3. matplotlib 的进阶使用

（3）绘制子图

下面介绍怎样在一张图上绘制多个子图，代码如下。

```
import numpy as np
import matplotlib.pyplot as plt


# 绘制子图[subplot]
plt.style.use('ggplot')  # 设置绘图风格
x = np.linspace(-2, 2, 100)
y1 = np.sin(np.pi * x)
y2 = np.cos(np.pi * x)
y3 = np.tan(np.pi * x)
```

```
y4 = x

plt.subplot(221)
plt.plot(x, y1)

plt.subplot(222)
plt.plot(x, y2)

plt.subplot(223)
plt.plot(x, y3)

plt.subplot(224)
plt.plot(x, y4)

plt.show()
```

运行输出如图 4-12 所示。

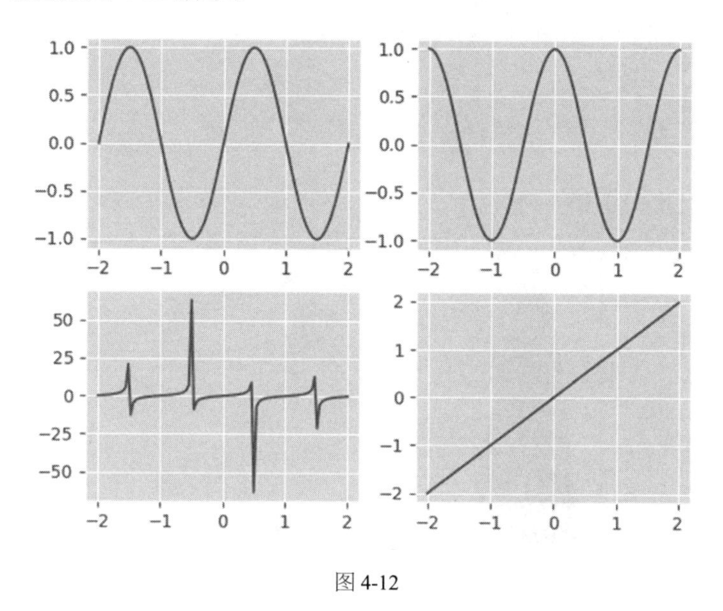

图 4-12

下面进行简要说明。

- plt.style.use('ggplot')

这里设置 matplotlib 的做图的风格为 ggplot（熟悉 R 语言的读者可能对此并不陌生，因为 ggplot2 包具有强大的可视化功能）。除此之外还有很多种其他的风格，可以通过 print(plt.style.available)查看。

- plt.subplot(221)

这里 subplot 的参数 221，应当分别解读。22 代表要绘制两行两列共四个子图。1 代表在第一位置做图。这里的 1 可以看作（1，1），对应的 2、3、4 可以看作座标（1，2）、（2，1）、（2，2）

（2）绘制填充图

```
import numpy as np
import matplotlib.pyplot as plt

x = np.linspace(0, 1, 500)
y = np.sin(4 * np.pi * x) * np.exp(-5 * x)

fig, ax = plt.subplots()
ax.fill(x, y)
plt.show()
```

运行输出如图 4-13 所示。

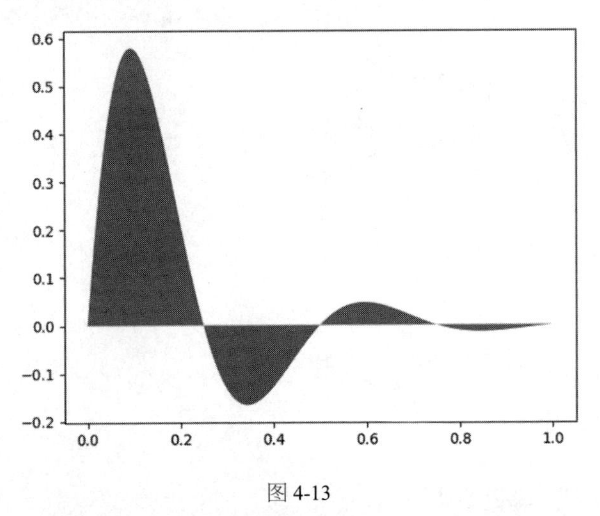

图 4-13

4.4.2 快速作图工具——pandas 与 matplotlib

大家可能注意到，4.4.1 节只讲了图像的几个基本组成部分，并未涉及散点图、柱状图等常见图的应用方法。这是因为在处理数据时经常会用到 pandas，而 pandas 也基于 matplotlib 集成了这些可视化的功能。所以本节讲解一些常见图的做法。

注意：这里一般默认导入了 NumPy、pandas 和 matplotlib 等库，代码中就不再重复了。

先看下最普通的 plot，和之前介绍的一样，可以指定透明度等参数，如下所示。

```
df = pd.DataFrame(np.random.randn(1000, 4), columns=['A', 'B', 'C', 'D'])
df = df.cumsum()
df.plot(alpha=0.7, linewidth=1.5)
plt.title('Pandas-Plot')
plt.show()
```

运行输出如图 4-14 所示。

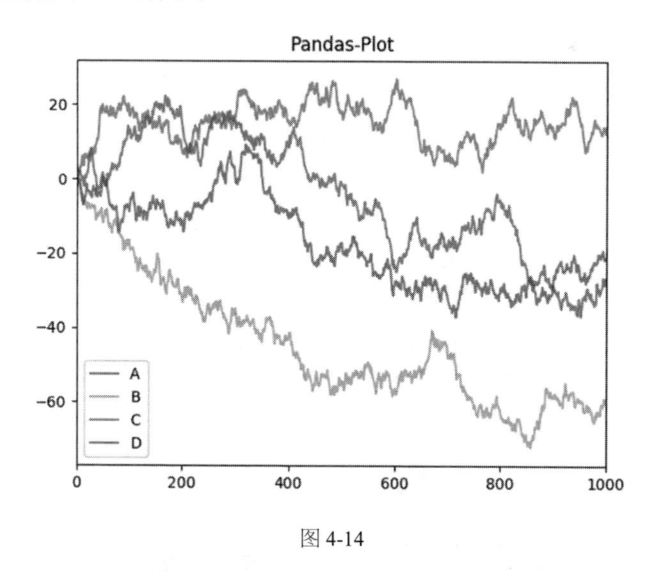

图 4-14

继续使用上面的 df，指定前三列绘制箱线图，代码如下。

```
df.iloc[:, 0:3].boxplot()
plt.show()
```

运行输出如图 4-15 所示。

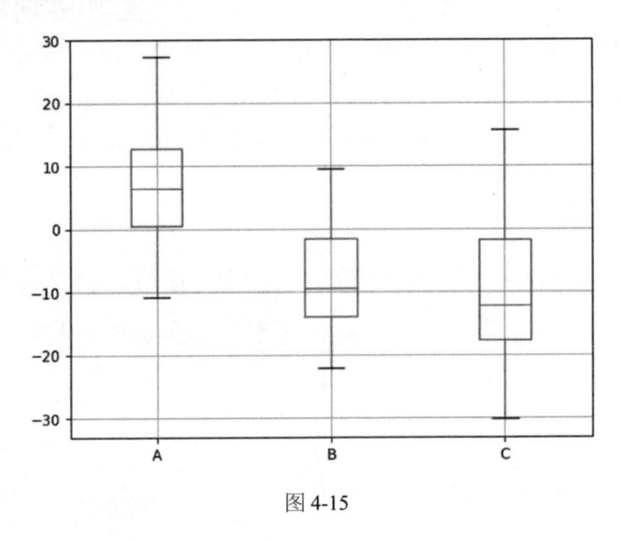

图 4-15

绘制直方图，代码如下。

```
df.hist(bins=20)
plt.show()
```

运行输出如图 4-16 所示。

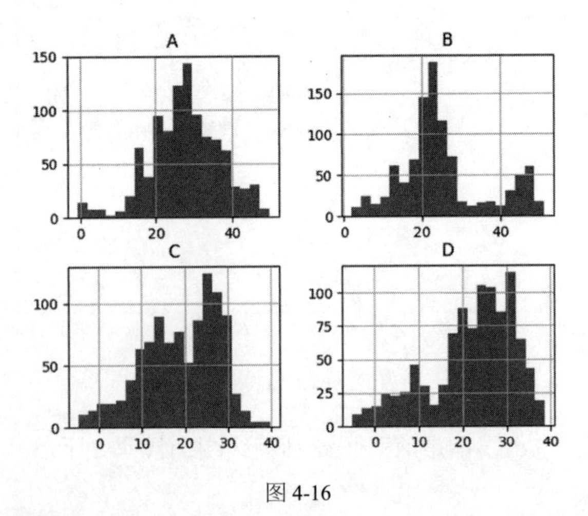

图 4-16

为了下面更好地展示柱状图的做法，将原来的 df 改得小一些，代码如下。

```
df = pd.DataFrame(np.random.rand(10, 4), columns=['A', 'B', 'C', 'D'])
df.plot.bar()
plt.show()
```

运行输出如图 4-17 所示。

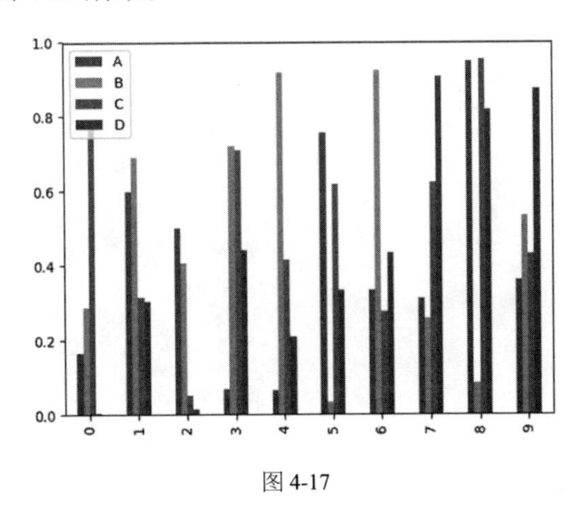

图 4-17

也可以改变函数及参数，得到水平放置的、堆积的柱状图，如下所示。

```
df.plot.barh(stacked=True)
plt.show()
```

运行输出如图 4-18 所示。

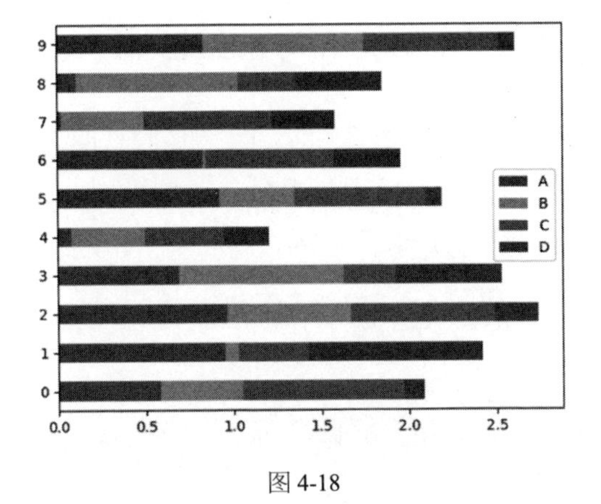

图 4-18

最后是散点图的画法，如下所示。

```
df = pd.DataFrame(np.random.rand(100, 4), columns=['A', 'B', 'C', 'D'])
df.plot.scatter(x='A', y='B', s=df['C']*200)
plt.show()
```

运行输出如图 4-19 所示。

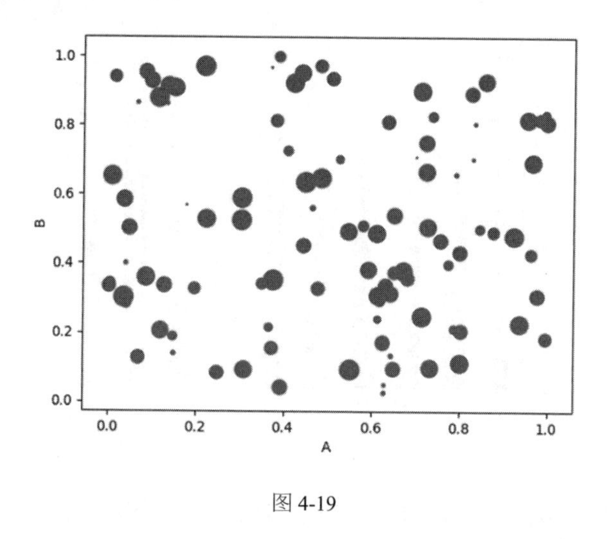

图 4-19

除此之外，pandas 还提供了其他强大的可视化功能，但是在入门阶段，只要掌握上面的作图方法就可以了。想继续学习的话，可以参考 pandas 在可视化方面专门的文档。

4.4.3 简捷作图工具——seaborn 与 matplotlib

seaborn 也是建立在 matplotlib 之上的，所以它们有很多的共同点。之前介绍的一些散点图、柱状图等，seaborn 都能胜任，下面给出几种漂亮而且有用的图，它们可以通过 seaborn 简捷地实现。

首先是核密度估计的图，如下所示。

```
x = np.random.normal(0, 1, 100)
y = np.random.normal(1, 2, 100)
```

```
sns.kdeplot(x)
sns.kdeplot(y)
plt.show()
```

运行输出如图 4-20 所示。

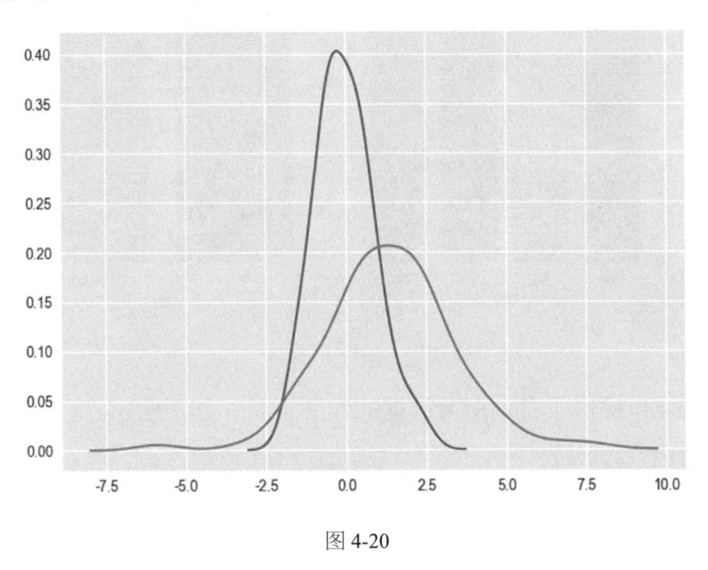

图 4-20

对于分类数据，常常需要统计其频数分布。这里 sns 提供了很简捷的接口来实现（注意可以用前面介绍的 EDA 的一些方法探索这里的 tips 数据集，以便了解其内容）。

```
tips = sns.load_dataset("tips")
plt.subplot(121)
sns.countplot('day', data=tips)
plt.subplot(122)
sns.countplot('sex', data=tips)
plt.show()
```

运行输出如图 4-21 所示。

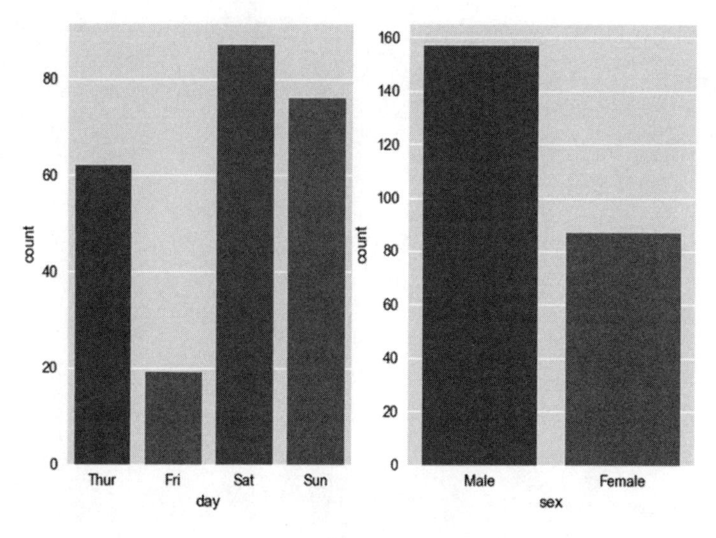

图 4-21

此外，sns 也提供了自动拟合数据的作图工具，如下所示。

```
sns.lmplot(x='total_bill', y='tip', hue='day', data=tips, fit_reg=True)
plt.show()
```

运行输出如图 4-22 所示。

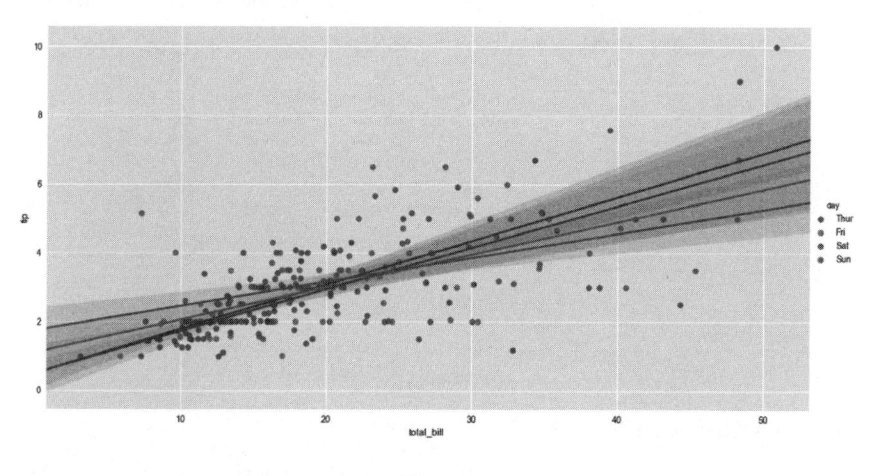

图 4-22

还有一种比较有趣的图是小提琴图，它类似箱线图，但是箱线图只是展示了分位数信息，而小提琴图可以展示任意位置的密度大小，包含更加丰富的信息（如果读者还是不太理解这类图，可以画出对应的箱线图进行对比，具体做法只需要将下面的 violinplot 改为 boxplot 即可）。

```
sns.violinplot(x='day', y='tip', data=tips)
plt.show()
```

运行输出如图 4-23 所示。

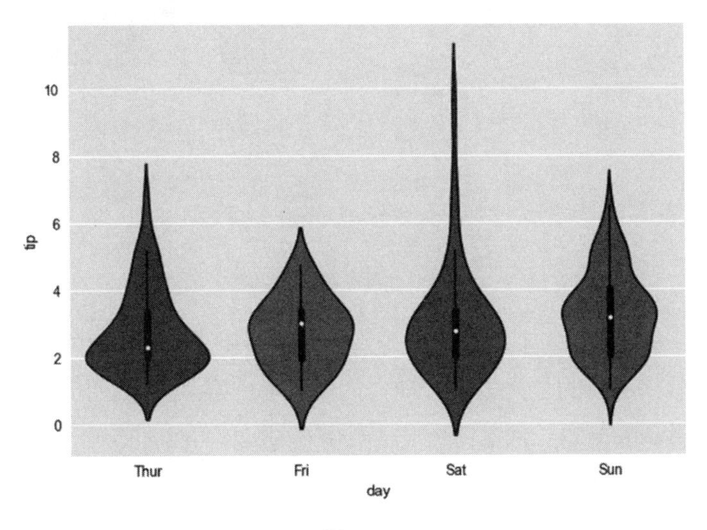

图 4-23

最后，要进行各变量之间的对比，可以使用 factorplot，如下所示。

```
sns.factorplot('day', 'total_bill', 'sex', data=tips, kind='violin')
plt.show()
```

运行输出如图 4-24 所示。

至此，大致上介绍完了如何使用 matplotlib、pandas、seaborn 进行简单的可视化操作。后两者在很大程度上是基于前者的改进，所以在使用的时候大可不必纠结使用哪一个库，选择自己喜欢的就好。

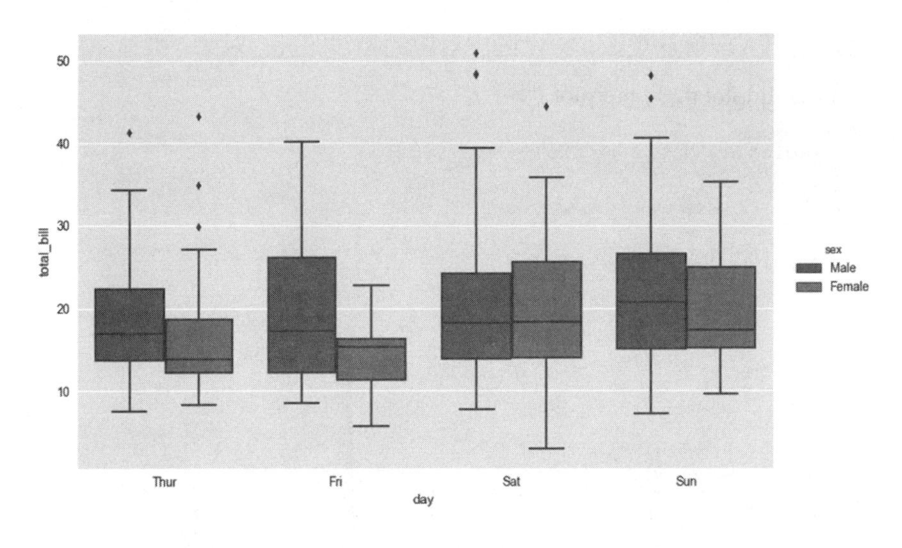

图 4-24

这里提醒读者两点，通过可视化作出美观大方的图固然是十分重要的，但是不要忘记可视化的目的是为了更好地表达数据的内容。如果作出的图过于复杂，难以读取到有用的信息，那么即使它比较好看也要舍弃。再者，这里仅仅介绍了几种常用的作图方法，而且为了便于讲解，大部分使用了处理好的数据集或者模拟生成的数据。

4.4.4 词云图

在分析文本数据时，词云图使得整个文档的主体清晰地展示出来。在可视化部分的最后，介绍词云图的生成。词云的制作在第 5 章的小项目中也有涉及。

首先，文本数据来自豆瓣的一份影评资料（这是笔者之前爬取的，读者也可以自己尝试着爬取一份），数据格式如图 4-25 所示（XLSX 格式）。

1	日期	星级	点赞数	评论内容
2	2016-07-05	3	942	扫把星来的那一夜。
3	2016-07-10	4	975	来啊，互相伤害啊！
4	2016-07-08	5	742	特别喜欢男主人和胖基佬这俩角色。
5	2016-07-07	4	676	不要考验人性，因为人性不配。
6	2016-07-07	5	683	人和人的关系有多么的脆弱？你甚至不能给同床的人多看几眼你自己的手机。然而，多少人以

图 4-25

下面只取评论文本做分析，如下所示。

```
import jieba
import pandas as pd
import matplotlib.pyplot as plt
from wordcloud import WordCloud, STOPWORDS
from scipy.misc import imread

def get_wordList():
    df = pd.read_excel('完美陌生人-短评.xlsx')
    wordList = df['评论内容'].tolist()
    return wordList

def get_wordClound(mylist):
    word_list = [" ".join(jieba.cut(sentence)) for sentence in mylist]
    new_text = ' '.join(word_list)
    pic_path = 'mask.jpg'
    img_mask = imread(pic_path)

   wordcloud = WordCloud(background_color="white",
font_path='/home/shen/Downloads/font/msyh.ttc',
                         mask=img_mask, stopwords=STOPWORDS,).generate(new_
text)
   plt.imshow(wordcloud)
   plt.axis("off")
   plt.show()

if __name__=='__main__':
   wordList = get_wordList()
   get_wordClound(wordList)
```

运行输出如图 4-26 所示。

图 4-26

下面进行简要说明。

- wordList

使用 pandas 直接读取文件，并将评论数据转化为列表，供下一步遍历分词。使用的分词工具是 jieba。

- WordCloud

设置背景为白色，指定字体的路径，这与使 matplotlib 显示中文的方法是类似的。最后设置了词云图的掩码和停用词。

参考文献

[1] Alberto Boschetti，Luca Massaronm. Python Data Science Essential[M].UK：Packt Publishing，2015.

[2] Ivan Idris. Python Data Analysis[M].UK: Packt Publishing，2014.

[3] Ivan Idris. Python Data Analysis Cookbook[M].UK: Packt Publishing，2016.

[4] Samir Madhavan. Mastering Python for Data Science[M].UK: Packt Publishing，2015.

[5] Wes McKinney. Python for Data Analysis[M].CA: O'Reilly Media，2013.

5 Python 与生活

学习目标

- 学习几个有趣的项目，提高实际应用 Python 的能力
- 尝试在生活、工作和学习等各方面使用 Python，培养自己的动手能力

在本章中，将介绍怎样使用 Python 实现一些有趣的小项目。由于和前面的联系不是特别紧密，所以读者大可不必按照顺序读完本书，可以在按常规学习之余学习本章内容。通过这些项目，一方面可以锻炼数据获取、处理、分析以及可视化的能力，提高大家的实际应用能力；另一方面可以直观地感受 Python 的魅力。

5.1 定制一个新闻提醒服务

首先，这个项目的目的是从新闻网站（这里选择百度新闻）爬取新闻，并把感兴趣新闻的标题和链接提取出来，并发送到自己的邮箱进行实时提醒。更近一步地，介绍使用计划任务的方法按时自动执行脚本，实现完全自动化。这里假定

我们想要了解关于 iPhone 的最新信息，那么就将抓取的目标网址定位到百度新闻的科技类网页（http://tech.baidu. com/）。本次项目的效果图如图 5-1 所示。

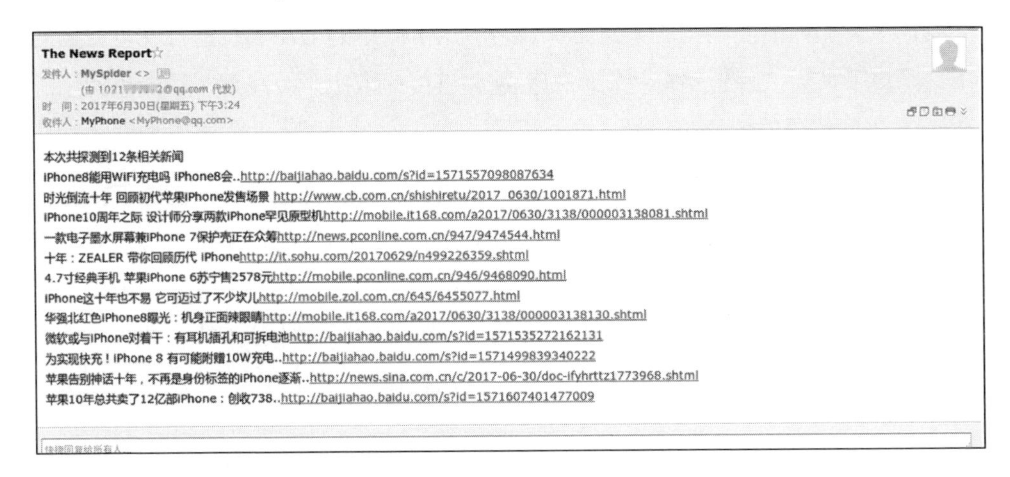

图 5-1

5.1.1　新闻数据的抓取

下面开始进行项目的具体实现。首先就是获取网页所有的新闻标题和对应的链接。新建 `NewsReport.py` 文件，如下所示。

```
import requests
import os
import time
import chardet
from bs4 import BeautifulSoup


# 获取网页数据
def get_web_data(url):
    headers = {
        'User-Agent': "Mozilla/5.0 (Windows NT 6.1; WOW64) AppleWeb
        Kit/537.36 (KHTML, like Gecko) Chrome/27.0.1453.94 Safari/537.36"}
    html = requests.get(url, headers=headers)
    Encoding = chardet.detect(html.content)['encoding']
    html.encoding = Encoding
```

```
    web_data = html.text
    return web_data
```

这里先调入需要用到的第三方库，之后用了简单的 UA 伪装进行网页数据的下载。接下来通过解析网页将新闻的标题和链接提取出来。注意，后面也使用了 chardet 进行编码的检测与设置。

在网页的源码（或者检查元素）中可以看到，标题通常在 `a` 标签下，并且一般都含有 `target` 属性，对应值为 `_blank`。

注意：这里通过标签和属性来定位数据。随着不断地练习，对网页结构相对熟悉后，数据的定位和提取就变得比较简单了。

于是，稍作调整，可以通过下面的方案进行解析并提取数据。

```
# 获取标题及对应链接
def get_titles(web_data):
    title_hrefs = {}
    soup = BeautifulSoup(web_data, 'lxml')
    titles_data = soup.find_all({'a': {'target': '_blank'}})

    for title in titles_data:
        title_text = title.get_text()

        # 过滤一些无关的标签等（长度一般较短）
        if len(title_text) >= 10:
            if title.has_attr('href'):
                href = title['href']
            else:
                href = 'Cannot find link...'

            title_hrefs[title_text] = href

    return title_hrefs
```

通过观察 `titles_data` 可以发现一些其他不相关的标签且文本长度都较短，所以通过简单的字数限制来粗略地过滤掉这些无关的数据。然后以字典的格式存储所有获取的新闻标题及链接。接下来就是从这些新闻中获取自己想要了解的信息，可以通过新闻标题是否含有相应的关键字来实现，如下所示。

```
# 筛选自己想了解的信息
def get_roi(title_hrefs, key_words):
    roi = {}  # 用于存储感兴趣的标题
    for title in title_hrefs:
        if key_words in title:
            roi[title] = title_hrefs[title]

    return roi
```

至此，已经完成了全部的抓取工作。接下来就是发邮件提醒功能的实现和一些优化了。

5.1.2 实现邮件发送功能

关于邮件的发送，这里主要使用 smtplib 库，以 QQ 邮箱为例。在进行代码实现之前，需要做一些准备工作。首先要知道 QQ 邮箱默认是没有开通 SMTP 服务的，需要先开通此服务并获取一个用于登录的授权码，可以进入腾讯的帮助中心（http://service.mail.qq.com/cgi-bin /help? subtype=1&&id=28&&no=1001256）查看具体的步骤。配置好之后就可以进行邮件发送测试了，如下所示。

```
# coding:utf-8
from email.header import Header
from email.mime.text import MIMEText
from email.utils import parseaddr, formataddr
import smtplib


def _format_addr(s):
    name, addr = parseaddr(s)
    return formataddr((Header(name, 'utf-8').encode(), addr))
```

```
def send_ms(text_data):
    from_addr = "xxx@qq.com"
    password = 'xxx'
    to_addr = 'xxx@qq.com'
    smtp_server = 'smtp.qq.com'
    msg = MIMEText(text_data, 'plain', 'utf-8')
    msg['From'] = _format_addr('MySpider')
    msg['To'] = _format_addr('MyPhone')
    msg['Subject'] = Header('The News Report', 'utf-8').encode()
    server = smtplib.SMTP_SSL(smtp_server, 465, timeout=10)
    server.set_debuglevel(0)
    server.login(from_addr, password)
    server.sendmail(from_addr, [to_addr], msg.as_string())
    server.quit()

if __name__ == '__main__':
    send_ms('Test')
```

将上面的 `from_addr` 和 `to_addr` 换为个人的 QQ 邮箱地址。将 `password` 换为刚才获取的授权码即可。整个流程主要依靠以下代码实现。

```
    server = smtplib.SMTP_SSL(smtp_server, 465, timeout=10)
    server.set_debuglevel(0)
    server.login(from_addr, password)
    server.sendmail(from_addr, [to_addr], msg.as_string())
    server.quit()
```

先建立与 SMTP 服务的连接，再进行登录，最后发送邮件内容并退出，具体的原理及细节不是这里的重点，想深入了解的读者可参考相关文档。运行之后，会立刻收到一封邮件，说明测试成功。

将上面的代码保存为 `MEmail.py` 并和之前的 `NewsReport.py` 放在同一目录下。在 `NewsReport.py` 中添加如下代码实现新闻的提醒功能。

```
from MEmail import send_ms
# 发送邮件到邮箱提醒
def send_report(roi):
    length = len(roi)
    s1 = '本次共探测到'+str(length)+'条相关新闻'+'\n'
    s2 = ''
    for title in roi:
        s2 += title
        s2 += roi[title]
        s2 += '\n'
    send_ms(s1+s2)
```

最后在 `NewsReport.py` 添加如下代码进行运行测试。

```
if __name__=='__main__':
    web_data = get_web_data("http://tech.baidu.com/")
    titles = get_titles(web_data)
    key_words = 'iPhone'
    roi = get_roi(titles, key_words)
    print(roi)
    if len(roi) != 0:
        send_report(roi)
```

运行成功即可收到包含 iPhone 新闻信息的提醒邮件。

5.1.3 定时执行及本地日志记录

上面的程序每次运行都是需要手动执行，可以通过定时执行的方式来实现脚本的自动运行。在 Windows 系统下可以设置计划任务，方法比较简单，这里就不做介绍了。下面介绍在 Ubuntu 系统下使用 crontab 来设置计划任务。首先，为了方便指定计划任务的目录，在 `home` 目录下新建一个 `mytask` 文件夹，并将之前的两个.py 文件拷贝过去。然后在终端使用命令 `crontab -e` 编辑任务文件（在首次编辑时需要选择编辑器，这里选择 Vim 即可）。最后添加如下代码。

```
30 7 * * 1 /home/shensir/anaconda3/bin/python3.6 /home/shensir/mytask/News
Report.py >> /home/shensir/mytask/NewsReport.log 2>&1m
```

然后保存退出。这段代码的意思是使用/home/shensir/anaconda3/bin/python3.6，即 Anaconda 提供的 Python 3.6，每周一 7 点 30 分去执行/home/shensir/mytask/NewsReport.py，并输出日志文件到/home/shensir/mytask/NewsReport.log。

注意：在添加的代码中，前 5 个参数用于设置时间，依次为分钟、小时、天、月、星期。关于 crontab 更详细的信息参考（http://linuxtools-rst.readthedocs.io/zh_CN/latest/tool/crontab.html）

还有一点就是，这里的日志文件记录的脚本打印输出的内容。所以按照上面的程序，日志文件将记录打印出的新闻数据。也可以打印其他的信息来更好地记录程序的运行。除使用 crontab 提供的日志记录外，也可以自定义一个函数来实现本地日志的记录工作。将下面的函数加入到 `NewsReport.py` 文件。

```
# 生成本地日志记录
def record(roi, key_words):
    if 'NewsReportLog.txt' not in os.listdir():
        with open('NewsReportLog.txt', 'w') as f:  # 写入模式
            f.write(str(key_words)+'相关新闻抓取程序日志'+str(time.ctime())+'\n')

    with open('NewsReportLog.txt', 'a') as f:  # 追加模式
        f.write('='*10+str(time.ctime()+'='*10))
        for title in roi:
            f.write(title)
            f.write(roi[title])

        f.write('\n')
```

在程序最后加上此函数的调用并再次运行。

```
if __name__=='__main__':
    web_data = get_web_data("http://tech.baidu.com/")
    titles = get_titles(web_data)
    key words = 'iPhone'
    roi = get_roi(titles, key_words)
    print(roi)
    if len(roi) != 0:
        record(roi, key_words)
        send_report(roi)
```

会发现生成了 `NewsReportLog.txt` 文件。随着程序的定时运行，文件会呈现类似下面的格式。

```
iPhone 相关新闻抓取程序日志 Mon Jun 26 08:49:05 2017
==========Mon Jun 26 08:49:05 2017==========6500 元买吗? iPhone 8 又有黑科技: 3D
传..http://te
==========Fri Jun 30 15:24:55 2017==========iPhone8 能用 WiFi 充电吗 iPhone8 会..
http://baijiahao.bai
```

这样也可以帮助监测程序的运行情况。

至此已经完成了对整个项目的介绍，现在不用做任何额外的工作就能在每周一 7 点 30 分收到关于 iPhone 的最新新闻了。更近一步地，可以将爬虫程序部署到云服务器，并添加本节介绍的提醒功能实现更多的定制化服务。而这些用 Python 只需要百行左右的代码就可以实现。

5.2 Python 与数学

可以使用 Python 根据蒙特卡罗算法来验证一些有趣的数学问题，例如圆周率 π 值的估计、三门问题等。此外，也可以用 Python 代替 MATLAB 或者 LINGO 等软件来解决较为复杂的问题，如线性规划（Linear Programming，简称 LP），二次规划（Quadratic programming）等。下面我们将分别进行介绍。

5.2.1 估计 π 值

蒙特卡罗方法（Monte Carlo method），也称统计模拟方法，随着 20 世纪 40 年代中期科学技术的发展和电子计算机的发明，而提出的一种以概率统计理论为指导的数值计算方法。是指使用随机数（或更常见的伪随机数）来解决很多计算问题的方法。[①]之前红极一时的 AlphaGo 中也有很多地方用到了蒙特卡罗方法。

本次实验的效果图如图 5-2 所示。

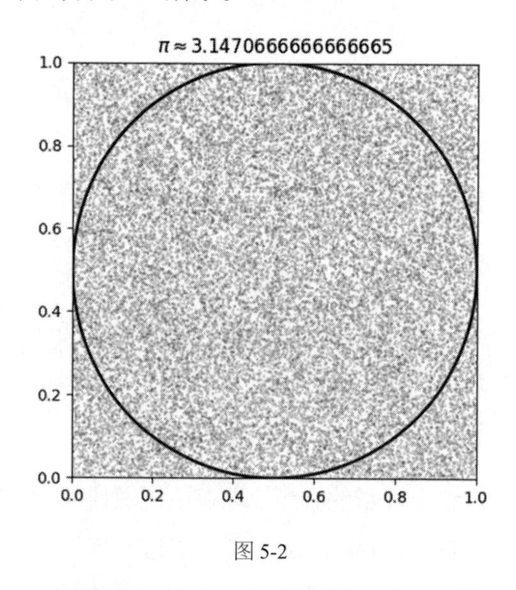

图 5-2

MC 方法就是一种通过随机模拟来解决问题的方法。那么，怎么把它应用在圆周率的计算上呢？如图 5-1 所示，先想象一个圆心为(0.5, 0.5)，半径为 0.5 的圆，面积为$\frac{\pi}{4}$，设为 $S1$，还有一个和它四面相切的正方形，面积为 1，将其设为 $S2$。现在向这个正方形内随机地投点，假设投点总数为 N，其中记落入圆内部的点的总数为 M，那么模拟落入圆内的概率为$\frac{M}{N}$。由几何概型的相关知识可以知道，点落入圆内部的概率为$\frac{S_1}{S_2}$。那么此处把模拟概率看作真实概率的估计值，

① 参考维基百科：https://en.wikipedia.org/wiki/Monte_Carlo_method。

就可以求出估计的 π 值。即由 $\frac{M}{N}=\frac{S_1}{S_2}$ 推出 $\pi=\frac{4M}{N}$。下面看看怎么用 Python 实现。

首先模拟生成在目标正方形区域的随机点，如下所示。

```
import numpy as np
import matplotlib.pyplot as plt
import matplotlib.patches as patches


def get_random_points(N):
    np.random.seed(42)
    random_points = np.random.rand(N, 2)
    return random_points
```

注意，这里的 `np.random.seed(42)` 是一个随机数种子。由于产生的随机数是伪随机数，所以可以通过设置相同的随机数种子来获取相同的随机数。接下来定义一个估计圆周率的函数，为了作图方便将数据点分割为圆内和圆外两部分。

```
# 计算 pi 的值，并将圆内外的点分开，方便作图
def cal_pi(random_points):
    inCircle_points = []  # 圆内部点
    outCircle_points = []  # 外部点（以及边上的点）

    for point in random_points:
        x = point[0]
        y = point[1]
        if (x - 0.5) ** 2 + (y - 0.5) ** 2 < 0.25:
            inCircle_points.append([x, y])
        else:
            outCircle_points.append([x, y])

    ratio = len(inCircle_points) / len(random_points)
    pi = 4 * ratio
```

```
    return pi, inCircle_points, outCircle_points
```

最后，计算出此估计值，并进行可视化，如下所示。

```
def plot_data(random_points):
    pi_estimation, inCircle_points, outCircle_points = cal_pi(random_points)
    print('估计的pi值为:', pi_estimation)

    fig1 = plt.figure()
    # 绘制圆的轮廓
    ax1 = fig1.add_subplot(111, aspect='equal')
    ax1.add_patch(
        patches.Circle((0.5, 0.5), 0.5, fill=False, lw=2))

    # 绘制圆内外的点
    ax1.plot(np.array(inCircle_points)[:, 0], np.array(inCircle_points)[:,
1], 'go', alpha=0.3, markersize=0.5)
    ax1.plot(np.array(outCircle_points)[:, 0], np.array(outCircle_points)[:
,1], 'ro', alpha=0.3, markersize=0.5)

    plt.axis([0, 1, 0, 1])  # 坐标轴范围约束
    plt.title('$\pi\\approx' + str(pi_estimation) + '$')
    plt.show()
```

选取 `N` 为 30000 进行测试，如下所示。

```
if __name__ == '__main__':
    N = 30000
    random_points = get_random_points(N)
    plot_data(random_points)
```

运行输出如下。

```
估计的pi值为: 3.1470666666666665
```

一个简单的实验，再次体会到数学的魅力和 Python 的强大。下面我们继续给出一个类似的例子，那就是著名的三门问题。

5.2.2 三门问题

三门问题，亦称为蒙提霍尔问题，出自美国的电视游戏节目 *Let's Make a Deal*。问题的名字来自该节目的主持人蒙提·霍尔（Monty Hall）。游戏规则是：参赛者会看见三扇关闭了的门，其中一扇后面有一辆汽车，选中后面有车的那扇门就可以赢得该汽车，而另外两扇门后面则各藏有一只山羊。当参赛者选定了一扇门，但未去开启它的时候，节目主持人会开启剩下两扇门的其中一扇，露出其中一只山羊。主持人其后会问参赛者要不要换另一扇仍然关上的门。[①]

关于换不换的问题，就是计算换了之后能不能增加获得汽车的概率。答案是可以， 不换的话获得汽车的概率是 1∶3，但是换了之后的概率将提高到 2∶3。关于理论上的证明有很多种方式，这里就不再一一介绍。下面直接看怎么用 Python 来模拟这个过程并得出结论，在这之前建议有点思路的读者先自己尝试一下看能不能写出来，这里给出一个参考程序。

首先是进行一次游戏，根据规则和做出的策略来看是否能赢，如下所示。

```
import random as rnd
# 计算在第二次采取不同策略时,是否在游戏中获胜（选中汽车）
def game(strategy):
    win = 0
    # 假定汽车在 0 号门（参赛者并不了解这一事实）
    doors = [0, 1, 2]
    # 因为事先并不知道任何信息,所以第一次随机选取一扇门
    first_choice = rnd.choice(doors)
    # 根据第一次的选择情况的不同，第二次决策面临两种不同的备选组合

    # 如果第一次选择了 0 号门，那么在主持人打开另外两扇门中的其中一扇门后
    # 第二次将在 0 号门和未打开的空门（1 或 2）中作出选择
    if first_choice == 0:
        doors = [0, rnd.choice([1, 2])]
```

① 参考 MBA 智库百科：http://wiki.mbalib.com/wiki/%E4%B8%89%E9%97%A8%E9%97%AE%E9%A2%98。

```
    # 如果第一次没有选中 0，那么此时被打开的必然是另一扇有山羊的门，那么
    # 在第二次选择时，将在 0 和自己现在所处的门（first_choice）作出选择
    else:
        doors = [0, first_choice]

    # 采取不同的策略进行第二次选择

    # 保持原来位置不变
    if strategy == 'stick':
        second_choice = first_choice

    # 排除一扇空门后，放弃原来的选择，直接选择另一扇门
    else:
        doors.remove(first_choice)
        second_choice = doors[0]

    # 记得，奖品在 0 号门
    if second_choice == 0:
        win = 1

    return win
```

之后进行一定次数的模拟，并计算不同策略获胜的概率，如下所示。

```
# 对特定策略进行的一定次数的模拟
def MC(strategy, times):
    wins = 0
    for i in range(times):
        wins += game(strategy)
    # 计算获奖的概率值
    p = wins / times
    print('第二次选择采用' + strategy + '方法，
    获奖的概率为：' + str(p) + '(模拟次数为' + str(times) + ')')
```

模拟 10000 次，如下所示。

```
if __name__ == '__main__':
    MC('stick', 10000)
    MC('switch', 10000)
```

运行输出如下。

```
第二次选择采用 stick 方法，获奖的概率为：0.3438(模拟次数为 10000)
第二次选择采用 switch 方法，获奖的概率为：0.6658(模拟次数为 10000)
```

可以清楚地看到转换的概率提升到了三分之二。该程序再次见证了蒙特卡罗方法的强大，我们不需要去理解问题本身深刻的机理，只需要将现象在一定的规则下进行尽量多的随机模拟，即可得到解决问题的办法。Python 还可以利用现有的第三方库来解决较为复杂的优化问题，下面介绍 LP、QP 问题的解决。

5.2.3 解决 LP 与 QP 问题（选读）

LP 与 QP 问题在运筹学领域是很重要的两个问题，一般可以用 LINGO 或者 MATLAB 来解决，也比较方便。但是这两者都不是开源软件，所以这里考虑用 Python 解决。此外，作为处理分类问题的经典算法——支持向量机（Support Vector Machine，简称 SVM）的实现也需要求解一个 QP 问题，所以这里简单介绍一下，主要就是利用 cvxopt 库。

1. LP 问题

首先是 LP 问题，其分为无等式和有等式两种形式。

（1）LP 无等式约束

$$\text{minimize} -4x_1 - 5x_2$$

$$\text{subject to} \begin{cases} 2x_1 + x_2 \leqslant 3 \\ 2x_1 + 2x_2 \leqslant 3 \\ x_1, \quad x_2 \geqslant 0 \end{cases}$$

求解，代码如下。

```
import numpy as np
from cvxopt import matrix, solvers
c = matrix([-4., -5.])
```

```
G = matrix([[2., 1., -1., 0.], [1., 2., 0., -1.]])
h = matrix([3., 3., 0., 0.])
sol = solvers.lp(c, G, h)
print(sol['x'])
```

运行输出如下。

```
     pcost       dcost       gap    pres   dres   k/t
 0: -8.1000e+00 -1.8300e+01  4e+00  0e+00  8e-01  1e+00
 1: -8.8055e+00 -9.4357e+00  2e-01  1e-16  4e-02  3e-02
 2: -8.9981e+00 -9.0049e+00  2e-03  3e-16  5e-04  4e-04
 3: -9.0000e+00 -9.0000e+00  2e-05  1e-16  5e-06  4e-06
 4: -9.0000e+00 -9.0000e+00  2e-07  3e-16  5e-08  4e-08
Optimal solution found.
[ 1.00e+00]
[ 1.00e+00]
```

（2）LP 有等式约束

$$\text{minimize} -3x_1 + x_2 + x_3$$

$$\text{subject to} \begin{cases} x_1 - 2x_2 + x_3 \leqslant 11 \\ -4x_1 + x_2 + 2x_3 \geqslant 3 \\ -2x_1 + \quad\quad x_3 = 1 \\ x_1,\ x_2,\ \quad x_3 \geqslant 0 \end{cases}$$

求解，代码如下。

```
import numpy as np
from cvxopt import matrix, solvers

# 有等式约束
G = matrix([[1.0, 4.0, -2.0, -1.0, 0.0, 0.0],
[-2.0, -1.0, 0.0, 0.0, -1.0, 0.0], [1.0, -2.0, 1.0, 0.0, 0.0, -1.0]])
h = matrix([11.0, -3.0, 1.0, 0.0, 0.0, 0.0])
A = matrix([-2.0, 0.0, 1.0])
A = A.trans()
b = matrix([1.0])
c = matrix([-3.0, 1.0, 1.0])
```

```
sol = solvers.lp(c, G, h, A=A, b=b)
print(sol['x'])
```

运行输出如下。

```
     pcost       dcost       gap    pres   dres   k/t
 0: -2.1667e+00 -1.1167e+01  3e+01  9e-01  1e+00  1e+00
 1: -1.1986e+00 -1.9278e+00  2e+00  7e-02  1e-01  1e-01
 2: -1.9895e+00 -2.0163e+00  6e-02  3e-03  4e-03  5e-03
 3: -1.9999e+00 -2.0002e+00  6e-04  3e-05  5e-05  5e-05
 4: -2.0000e+00 -2.0000e+00  6e-06  3e-07  5e-07  5e-07
 5: -2.0000e+00 -2.0000e+00  6e-08  3e-09  5e-09  5e-09
Optimal solution found.
[ 4.00e+00]
[ 1.00e+00]
[ 9.00e+00]
```

注意：这里即使成功安装 cvxopt 也可能会报错：Intel MKL FATAL ERROR: Cannot load libmkl_avx2.so or libmkl_def.so.。出错的原因各不相同，首先要记得导入 NumPy。若已经导入 NumPy 还是不行，那么可以在命令行尝试如下命令。

```
1.conda update conda
2.conda update anaconda
3.conda update mkl
```

还是不行的话，就需要读者进一步搜寻答案了。

2. QP 问题

例题如下（参考网址为 https://courses.csail.mit.edu/6.867/wiki/images/a/a7/Qp-cvxopt.pdf）。

$$\min_{x,y} \frac{1}{2}x^2 + 3x + 4y$$

$$subject\ to \begin{cases} x + 3y \geqslant 15 \\ 2x + 5y \leqslant 100 \\ 3x + 4y \leqslant 80 \\ x, y \geqslant 0 \end{cases}$$

求解，代码如下。

```
import numpy as np
from cvxopt import solvers, matrix

P = matrix([[1.0, 0.0], [0.0, 0.0]])
q = matrix([3.0, 4.0])
G = matrix([[-1.0, 0.0, -1.0, 2.0, 3.0], [0.0, -1.0, -3.0, 5.0, 4.0]])
h = matrix([0.0, 0.0, -15.0, 100.0, 80.0])
sol = solvers.qp(P, q, G, h)
print(sol['x'])
```

运行输出如下。

```
     pcost       dcost       gap    pres   dres
 0:  1.0780e+02 -7.6366e+02  9e+02  4e-17  4e+01
 1:  9.3245e+01  9.7637e+00  8e+01  8e-17  3e+00
 2:  6.7311e+01  3.2553e+01  3e+01  5e-17  1e+00
 3:  2.6071e+01  1.5068e+01  1e+01  9e-17  7e-01
 4:  3.7092e+01  2.3152e+01  1e+01  2e-16  4e-01
 5:  2.5352e+01  1.8652e+01  7e+00  3e-17  3e-16
 6:  2.0062e+01  1.9974e+01  9e-02  5e-17  3e-16
 7:  2.0001e+01  2.0000e+01  9e-04  1e-16  1e-16
 8:  2.0000e+01  2.0000e+01  9e-06  2e-16  4e-16
Optimal solution found.
[ 7.13e-07]
[ 5.00e+00]
```

这里只讲解了怎么运用 Python 来解决这些问题，如有需要直接套用即可，更深入的理解请参考 cvxopt 官方文档。

5.3 QQ 群聊天记录数据分析

仔细观察会发现生活中有很多数据，不仅是数字的，还包括文字、声音、图像等各种各样的数据。例如想了解下 QQ 群聊天在一个月中哪几天，每周几或是一天中那个时间段讨论比较多，以及主要在讨论些什么？这里以 QQ 群的聊天记录来做一个简单的数据提取操作和可视化分析。

首先是聊天数据的导出，在 QQ 的电脑客户端找到消息管理器，并找到想要分析的 QQ 群，之后直接将数据导出即可。这里为了便于处理，选择导出的格式为 TXT。文本文件格式如下。

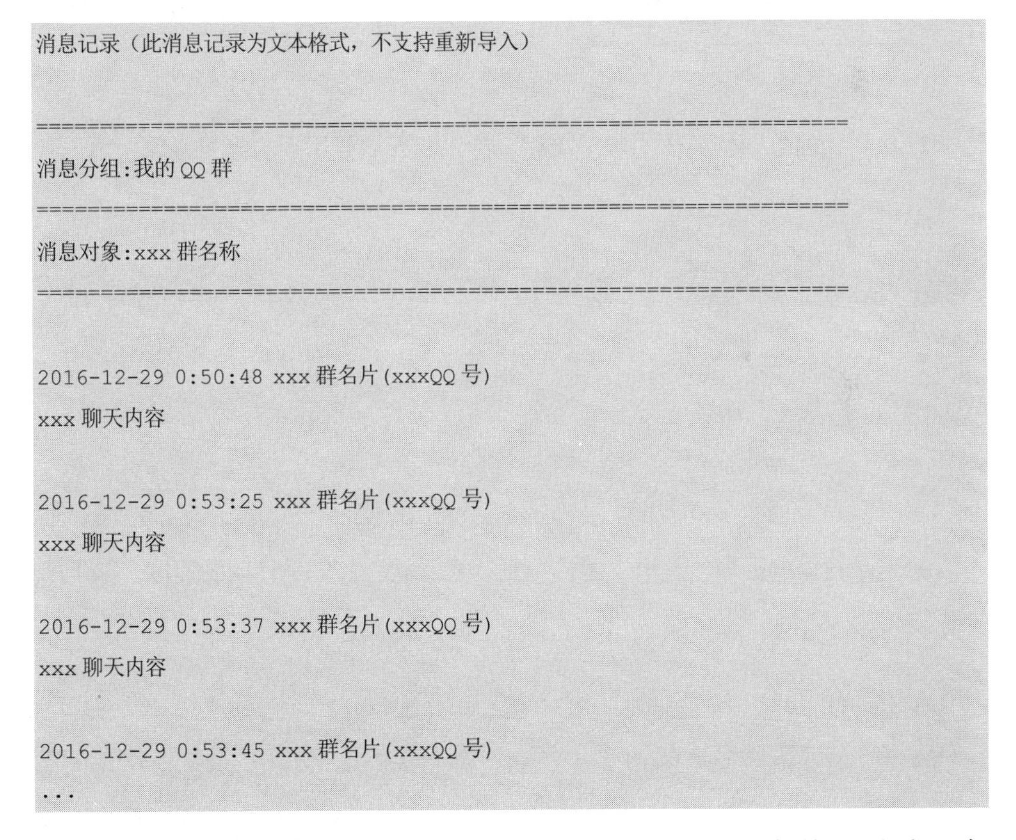

```
消息记录（此消息记录为文本格式，不支持重新导入）

================================================================
消息分组:我的 QQ 群
================================================================
消息对象:xxx 群名称
================================================================


2016-12-29 0:50:48 xxx 群名片(xxxQQ 号)
xxx 聊天内容

2016-12-29 0:53:25 xxx 群名片(xxxQQ 号)
xxx 聊天内容

2016-12-29 0:53:37 xxx 群名片(xxxQQ 号)
xxx 聊天内容

2016-12-29 0:53:45 xxx 群名片(xxxQQ 号)
...
```

下面将提取其中的日期、时间以及聊天的内容，之后进行简单的可视化。本次处理的效果图如图 5-3 所示。

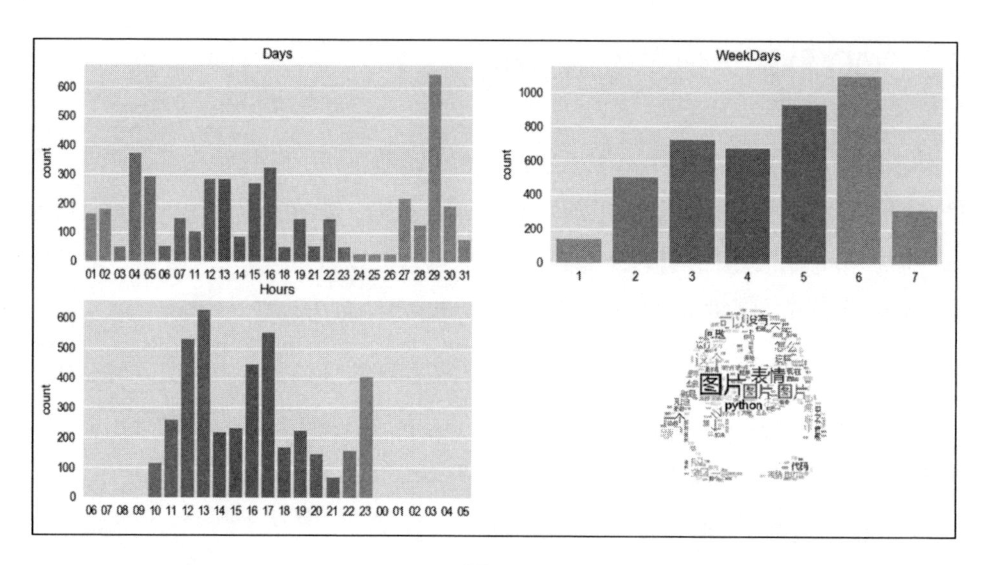

图 5-3

现在开始简单介绍具体的实现流程。首先调入需要用到的第三方库，如下所示。

```
import re
import datetime
import seaborn as sns
import matplotlib.pyplot as plt
import jieba
from wordcloud import WordCloud, STOPWORDS
from scipy.misc import imread
```

接着是数据的提取，这里主要使用正则表达式。首先是日期的提取，如下所示。

```
def get_date(data):
    # 日期
    dates = re.findall(r'\d{4}-\d{2}-\d{2}', data)
    # 天
    days = [date[-2:] for date in dates]
    plt.subplot(221)
    sns.countplot(days)
```

```
    plt.title('Days')

    # 周几
    weekdays = [datetime.date(int(date[:4]), int(date[5:7]), int(date[-2:])).
isocalendar()[-1]
    for date in dates]
    plt.subplot(222)
    sns.countplot(weekdays)
    plt.title('WeekDays')
```

下面进行简要说明。

- r'\d{4}-\d{2}-\d{2}'

这里提取日期的正则表达式比较简单。`r` 在正则表达式的介绍中已经说过，就是为了避开麻烦的转义。后面 `\d` 表示数字，`{n}` 表示取 n 个值。

- plt.subplot(221)

这里打算只绘制一张大图，里面包括四个子图，所以使用了 `subplot`。

- isocalendar

可以看到，我们只要对日期切片就可以获得年、月、日等信息。后来根据这些信息来转化为对应的星期几时用到了列表解析式。本书最开始也已经对列表解析式进行了简单的介绍，大家如果不太熟悉可以尝试进行拆解转化为 for 循环。其实这里是故意写成这样的，因为我们虽然可以不用列表解析式，但还是要拥有读懂列表解析式的能力以便与别人交流。

注意：BeautifulSoup 基于网页结构的解析，只有在解析网页数据时才有很大的优势。而正则表达式则不拘泥于任何形式，这也是其强大之处。

同样提取发言的时间并作图，如下所示。

```
# 时间
def get_time(data):
    times = re.findall(r'\d{2}:\d{2}:\d{2}', data)
    # 小时
    hours = [time[:2] for time in times]
    plt.subplot(223)
    sns.countplot(hours, order=['06', '07', '08', '09', '10', '11',
    '12', '13', '14', '15', '16', '17', '18', '19',
    '20', '21', '22', '23', '00', '01', '02', '03',
    '04', '05'])

    plt.title('Hours')
```

最后就是要绘制一个词云图。首先定义一个可以从文本列表生成词云的函数，如下所示。

```
# 词云
def get_wordclound(text_data):
    word_list = [" ".join(jieba.cut(sentence)) for sentence in text_data]
    new_text = ' '.join(word_list)

    pic_path = 'QQ.jpg'
    mang_mask = imread(pic_path)
    plt.subplot(224)
    wordcloud = WordCloud(background_color="white",
    font_path='/home/shen/Downloads/fonts/msyh.ttc',
    mask=mang_mask, stopwords=STOPWORDS).generate(new_text)
    plt.imshow(wordcloud)
    plt.axis("off")
```

注意要指定中文字体的路径。其次，这里掩码图片的选取也要适当。接下来，只要将聊天的文本内容提取出来再调用上面的参数就可以了，注意上面函数接受的参数是字符串组成的列表，如下所示。

```
# 内容及词云
def get_content(data):
    pa = re.compile(r'\d{4}-\d{2}-\d{2}.*?\(\d+\)\n(.*?)\n\n', re.DOTALL)
    content = re.findall(pa, data)
    get_wordclound(content)
```

最后，定义一个 `run` 函数并实现整个流程的测试，如下所示。

```
def run():
    filename = 'xxx.txt'
    with open(filename) as f:
        data = f.read()
    get_date(data)
    get_time(data)
    get_content(data)
    plt.show()

if __name__ == '__main__':
    run()
```

程序会输出 jieba 分词的部分信息，如下所示。

```
Building prefix dict from the default dictionary ...
Loading model from cache /tmp/jieba.cache
Loading model cost 1.765 seconds.
Prefix dict has been built succesfully.
```

最终得到的图片就是本项目之初给出的图片（参见图 5-3）。从图中明显地看出周五、周六的讨论激增，而且每天讨论的峰值为 13、17 和 23 点，即正式上、下班和晚上休息之前。关于词云，这里图片较为粗糙，可以看到有多个图片在其中，可以通过优化停用词来解决这一问题。不过还是可以从中看到讨论的主题是围绕 Python 展开的。

到这里，完成了对最后一个小项目的介绍。相信大家都能从中体会到 Python 功能简捷、强大的特点，也会发现海量的数据就在我们身边，可以自己动手来获取和分析数据，并从中得到一些启发。数据分析原本就是从生活中获取数据，再从数据中提取有用的信息来反过来服务于生活本身。无论是为了学习、工作还是纯粹的好奇心，我们都不应该停止自己探索的脚步，这只是一个开始。

参考文献

[1] Toby Segaran. Programming Collective Intelligence[M] America: O’Reilly Media，2007.